与迷茫
的
青春
握手言和

赵凡 著

广东旅游出版社
GUANGDONG TRAVEL & TOURISM PRESS

中国·广州

图书在版编目（CIP）数据

与迷茫的青春握手言和：年轻人一定要知道的人生真实准则 / 赵凡著. — 广州：
广东旅游出版社，2013.9（2024.8重印）

ISBN 978-7-80766-630-1

Ⅰ.①与… Ⅱ.①赵… Ⅲ.①人生哲学－青年读物 Ⅳ.①B821-49

中国版本图书馆CIP数据核字（2013）第198193号

与迷茫的青春握手言和：年轻人一定要知道的人生真实准则

YU MI MANG DE QING CHUN WO SHOU YAN HE : NIAN QING REN YI DING YAO ZHI DAO DE REN SHENG ZHEN SHI ZHUN ZE

出 版 人　刘志松
责任编辑　何　阳
责任技编　冼志良
责任校对　李瑞苑

广东旅游出版社出版发行

地　　址	广东省广州市荔湾区沙面北街71号首、二层	
邮　　编	510130	
电　　话	020-87347732（总编室）　020-87348887（销售热线）	
投稿邮箱	2026542779@qq.com	
印　　刷	三河市腾飞印务有限公司	
	（地址：三河市黄土庄镇小石庄村）	
开　　本	710毫米×1000毫米 1/16	
印　　张	15	
字　　数	210千	
版　　次	2013年9月第1版	
印　　次	2024年8月第2次印刷	
定　　价	69.80元	

本书若有倒装、缺页影响阅读，请与承印厂联系调换，联系电话 0316-3153358

青春的我们不懂人生

青春是狂热的，是充满激情的，是满怀希望的，同时又是迷茫无措的。当我们怀揣梦想，加足马力，希望以180迈的速度奔向成功的时候，现实常常会给我们当头一棒。你可能会发现，你的热忱、你的善良、你在道德标准下所做的很多事，都没有像预期的那样给你回报。你还可能发现，不管你如何认真计划、如何积极行动，结果依然可能背离意愿。你更可能发现，有许多事情你根本就无力抗衡。于是，燃烧的青春之火被熄灭了，你开始抱怨这个世界是如此不公，你开始对人生失去希望，你可能因此而颓唐，也可能变得愤世嫉俗。

到底是现实欺骗了你，还是你根本不懂人生呢？其实，人生本来就是那个样子，它从来没有伪装自己，现实就是残酷的，悲欢离合、大起大落、光明黑暗都可能交替出现。人生不会顾及你用什么样的方式来对待它，它只是自顾自地往前走。只是，这一切都被青春的勇锐遮蔽，你还没有看清楚，便急切地站上了起跑线，直至碰壁才发现，原来，生活就是一连串问题的叠加。

作家刘同说："你成长中所有遇到的问题，都是为你量身定做的。解决了，你就成为了你这类人中的佼佼者。不解决，你永远也不知道自己可能成为谁。"这个正值青春的作家及传媒人，给同样正值青春的人们做了一个关于成长的总结，言简意赅。

是的，成长就是与问题抗争的过程——与别人制造的问题抗争，与自身存在的问题抗争。当然，这个抗争是有方法的，它不是愤怒、不是抱怨、不是挣扎、也不是逃避，而是冷静下来，了解人生的真实准则，并积极寻求应对它的办法。否则的话，美妙的青春很快就会挥霍殆尽，最后你只能在无望的生活里迷茫沉沦。相信没有哪个年轻人愿意如此。

其实，生活中最痛苦的不是你充满了烦恼，而是你正遭受煎熬却不知道如何走出来。然而，没有人可以做你的双拐，你必须学会独立闯荡。幸运的是，总有一些前人的经验和现实的故事可以作为你前行路上的参考，我们将这些有价值的生活启示提炼了出来，结集成书。我们无意于告诉你如何选择你的人生道路，只是将人生的真实准则告诉你，帮你打开一个出口，让你更清楚地知道你所有烦恼的根源，并教会你如何摆脱烦恼，与迷茫的青春握手言和。

最后，借用诗人汪国真的一句话告慰所有迷茫中的年轻人，要相信，"无论天上掉下来的是什么，生命总是美丽的！"

● **第一章**

现实很残酷，青春要觉醒 **001**

> 你是不是从小就听到这些准则——"一分耕耘一分收获""成功需要99%的汗水加上1%的灵感""好人一定有好报"……那时你一定非常相信。然而，当你挥洒青春、满怀激情践行这些准则时，你可能突然发现，不管你如何努力、如何计划、如何真诚地对待别人，不可改变的事实是：人生无常。很多时候，我们无法掌控自己的命运，所以，趁我们正值青春，一定要清醒地知道人生的真相，并努力去适应它。

第二章

青春时节，每个人都要从跌倒中学会走路　　031

没有一帆风顺的人生之路，即使身为王公贵族，也会有行走跌跤的可能，这便是成长的代价。成长的过程好比在沙滩上行走，一排排歪歪扭扭的脚印，记录着青春的足迹，只有经受了挫折，我们的双腿才会更加有力，人生的脚步才能更加坚实。

第三章

学会接受，青春可以很淡定　　055

青春的我们力量似乎很薄弱，总有一些事情让我们无能为力。然而，懊恼并不能改变什么。荷兰的阿姆斯特丹有一座十五世纪的教堂遗迹，里面刻有一段话："事必如此，别无选择。"这句话可谓是一语道破天机，当我们面对无法更改的现实时，接纳则是最好的选择。接受事实是克服不幸的第一步，即使我们拒绝接受命运的安排，也无法改变事实分毫，我们唯一能改变的，只有自己。

▶ 第四章

放宽胸怀，青春可以不纠结 079

青春的沉重感主要来源于责任、期盼和压力。放宽胸怀是让生活宁静、生命祥和的一种需要和方式。生活给予了我们很多东西，包括好的和不好的。生活在社会中的我们必须要有所包容，要承受得住我们必经的一切，这样人生自会有一份难得的优雅与从容。

目录

▶ **第五章**

正青春，尽早懂得『取舍』之道   **105**

苦苦地挽留夕阳的，是傻子；久久地感伤春光的，是蠢人。青春时有重新再来的资本，有些事不是你想扛就扛得住的，扛得越久，越让你喘不过气来。就像手中的沙粒，你攥得越紧失去得越多。所以，趁着年轻，尽早学会取舍，别再与自己较劲，懂得与生活握手言和，这样我们才能轻松上路，愉快地赶往生活的下一站。

▶ **第六章**

青春很美，但却与完美无关   **125**

奋斗是青春的主旋律，在奋斗的路上，总有一些人十分苛刻地要求自己，工作要做到什么程度，形象要达到什么标准，在这些要求下，他们变得心情沉重、生活无趣。王尔德曾说："人真正的完美不在于他拥有什么，而在于他是什么。"娑婆世界，万事都有缺陷，完美只是上帝的假设，我们不要过分地要求自己，必须要学会和自己握手言和，记住，所有美好的青春都不可能是完美的。

▶ **第七章**

青春短暂，别迷失在错误的追求里　　　　　　　**151**

> 这个社会，金钱、名誉、地位常常被作为衡量一个人成功与否的标准，为了得到它们，人们会经历很多痛苦，甚至走上犯罪道路。事实上，能使一个人满足的东西可以很多，也可以很少。青春短暂，转瞬来去，就像是偶然登台、仓促下台的匆匆过客。既然如此，活着就要珍惜人生，别让自己迷失在错误的追求里。

▶ 第八章

顺其自然，青春就是不该顾虑重重   **179**

> 思前想后、顾虑重重，那是暮年之兆，青春就该高兴笑就笑一下；要哭就哭一场，何必想太多？诗人惠特曼这样说："让我们学着像树木一样顺其自然，面对黑夜、风暴、饥饿、意外等挫折。"这不是逆来顺受，也不是不思进取，这是应对苦难人生的一种智慧，一种让心灵得到放松的智慧。

▶ 第九章

青春时多修静心，遇事时少有羁绊   **201**

> 我们的青春总被悲欢离合、喜怒哀乐所羁绊，我们欲寻一片净土，然而，即使闭上眼睛，这个世界仍不会停止喧闹。请学会淡然，请变得冷静，请懂得忍耐，经过如此磨砺，修得一颗静心。学会静心，便可高朋满座，不会昏眩；曲终人散，不会孤独；成功，不会欣喜若狂；失败，不会心灰意冷。

▶ 第十章

依靠自己，青春不相信奇迹   **219**

> 我们了解了人生的真相，知道了许多事情都在我们的掌控之外，同时我们也明白，人生的舞台不容我们退出。所以，年轻的我们要鼓起勇气向前行。当然，我们不可以坐等奇迹的发生，要想改变困厄的境遇，只有依靠自己。我们仍要积极地改变自己，努力使自己丰盈，才能不让一些好事和好运气与我们擦肩而过。

目录

▶ 第十一章

青春时，拼的不是实力而是心态　　　**235**

> 人生可以经历痛苦，但不可以永远沉浸在痛苦之中。没有人可以帮助我们获得快乐，自己才是快乐的源头。其实，很多时候人生的痛苦都是自找的，都是因为没有学会如何看待。生活是什么味道，关键在自己怎么调。换个角度看世界吧，这样你便可以更坦然、更欢喜、更有力量。

第一章

现实很残酷

青春要觉醒

你是不是从小就听到这些准则——"一分耕耘一分收获""成功需要99%的汗水加上1%的灵感""好人一定有好报"……那时你一定非常相信。然而，当你挥洒青春、满怀激情践行这些准则时，你可能突然发现，不管你如何努力、如何计划、如何真诚地对待别人，不可改变的事实是：人生无常。很多时候，我们无法掌控自己的命运，所以，趁我们正值青春，一定要清醒地知道人生的真相，并努力去适应它。

1. 这个世界本就是不公平的

承认生活不公平这一事实并不意味着我们不必尽己所能去改善生活，去改变整个世界；恰恰相反，它正表明了我们应该这样做。

人生如海，潮起潮落，既有春风得意、马蹄萧萧、高潮迭起的快乐，又有万念俱灰、惆怅莫名的凄苦。如果把人生的旅途描绘成图，那一定是高低起伏的曲线，它可比呆板的直线丰富多了。

许多年轻人处于生命低谷时一味地抱怨、苦恼，大声地哭诉着生活对自己是如此的不公，长期沉溺其中不能自拔，终日被泪水和无奈的情绪包围着。其实，仔细想来，抱怨、折磨自己又有何用？只能徒增自己的痛苦，让自己坠落得更深、更惨罢了！

面对生活，有很多事情不能如己所愿：别人得到了幸运你却与机会擦肩而过，别人获得了成功你却陷入困境，别人一帆风顺你却遭遇不幸……于是，你感叹生活是如此的刻薄，命运是如此的不公。其实，当你有这样的感叹的时候，你已经把自己命运的掌控权交了出去。

威尔逊先生是一位成功的商业家，他从一个普普通通的事务所小职员做起，经过多年的奋斗，终于拥有了自己的公司、办公楼，并且受到了人们的尊敬。

有一天，威尔逊先生从他的办公楼走出来，刚走到街上，就听见身后传来"嗒嗒嗒"的声音，那是盲人用竹竿敲打地面发出的声响。威尔逊先生愣了一下，缓缓地转过身。

那盲人感觉到前面有人，连忙打起精神，上前说道："尊敬的先生，您一定发现我是一个可怜的盲人，能不能占用您一点点时间呢？"

威尔逊先生说："我要去会见一个重要的客户，你要说什么就快说吧。"

盲人在一个包里摸索了半天，掏出一个打火机，放到威尔逊先生的手里，说："先生，这个打火机只卖一美元，这可是最好的打火机啊。"

威尔逊先生听了，叹口气，把手伸进西服口袋，掏出一张钞票递给盲人，说："我不抽烟，但我愿意帮助你。这个打火机，也许我可以送给开电梯的小伙子。"

盲人用手摸了一下那张钞票，竟然是一百美元！他用颤抖的手反复抚摸这张钞票。嘴里连连感激着："您是我遇见过的最慷慨的先生！仁慈的富人啊，我为您祈祷！上帝保佑您！"

威尔逊先生笑了笑，正准备走，盲人拉住他，又喋喋不休地说："您不知道，我并不是一生下来就瞎的，都是23年前布尔顿的那次事故！太可怕了！"

威尔逊先生一震，问道："你是在那次化工厂爆炸中失明的吗？"

盲人仿佛遇见了知音，兴奋得连连点头："是啊是啊，您也知道？这也难怪，那次光炸死的人就有93个，伤的人有好几百，可是头条新闻哪！"

盲人想用自己的遭遇打动对方，争取多得到一些钱，他可怜巴巴地说了下来："我真可怜啊！到处流浪、孤苦伶仃，吃了上顿没下顿，死了都没人知道！"他越说越激动，"您不知道当时的情况，火一下子冒了出来！仿佛是从地狱中冒出来的！逃命的人群都挤在一起，我好不容易冲到门口，可一个大个子在我身后大喊：'让我先出去！我还年轻，我不想死！'他把我推倒了，踩着我的身体跑了出去！我失去了知觉，等我醒来，就成了瞎子，命运真不公平啊！"

威尔逊先生听完冷冷地道："事实恐怕不是这样吧？你说反了。"

盲人一惊，用空洞的眼睛呆呆地对着威尔逊先生。

威尔逊先生一字一顿地说："我当时也在布尔顿化工厂当工人，是你从我的身上踏过去的！你长得比我高大，你说的那句话，我永远都忘不了！"

盲人愣了好长时间，突然一把抓住威尔逊先生，爆发出一阵大笑："这就是命运啊！不公平的命运！你在里面，现在出人头地了，我跑了出去，却成了一个没有用的瞎子！"

威尔逊先生用力推开盲人的手，举起了手中一根精致的棕榈手杖，平静地说："你知道吗？我也是一个瞎子。你相信命运，可是我不信。"

同是不幸的遭遇，有人只能以乞讨混日子为生，有人却能出人头地，这绝非命运的安排，而在于个人奋斗与否。面对自己的不幸，屈服于命运，自卑于命运，并企图以此博取别人的同情，这样的人只能永远躺在自己的不幸中哀鸣，不会有站起来的一天。失败并不意味着失去一切，靠自己的奋斗一样可以消除自卑的阴影，赢得尊重。

确实，生活总是不公平的，没有必要去抱怨。我们的世界就是不公平的，这个事实让人难以接受，但我们不能自欺欺人：几千年来，人类确实从没有实现可以平均分配财富、不让穷人产生的经济制度。社会中的各种制度，只有靠我们不断地完善而绝不可能达到完美；社会中的种种福利，只能要求当事人做到绝对的公正而不可能达到绝对的公平。

年轻人，你大可不必为自己的点点损失而大喊不公，应该正视现实，承认生活确实是不公平的。

承认生活不公平这一事实，让生活激励我们去尽己所能，而不再自我伤感。我们知道让每件事情完美并不是"生活的使命"，而是我们自己对生活的挑战。承认这一事实也会让我们不再为自己的生活感到遗憾，因为每个人在成长、面对现实、做种种决定的过程中都有各自不同的难题，每个人都有感到成了牺牲品或遭到不公正对待的时候。

承认生活不公平这一事实并不意味着我们不必尽己所能去改善生活，去改变整个世界；恰恰相反，它正表明了我们应该这样做。当我们没有意识到或不承认生活并不公平时，我们往往怜悯他人也怜悯自己，而怜悯自然是一种于事无补的失败主义的情绪，它只能令人感觉比现在更糟。

第一章 现实很残酷，青春要觉醒

2. 遭遇委屈是人生不可避免的事

> 受到了不公正的对待，要豁达大度，不要执着于一事
> 一时的顺利，应该看到社会的发展，什么事情都不是一成
> 不变的。所以，人在遇到不顺、遭遇不公时，更要从容镇
> 定，慎重地走好。

年轻时，我们常常一厢情愿地认为，只要自己是真诚的，只要自己有一颗赤诚之心，别人就会以同样的真诚对待我们。但事实并非如此，生活中难免会有委屈、冤屈出现，我们必须清醒地认识到这个事实。当遭遇委屈时，我们该保持怎样的态度，才能让身心有安放之处，而不至于深陷痛苦中呢？倾吐申辩这肯定是情理之中的事，但不能被委屈、不公正的待遇、不平的遭遇所困扰，无法解脱，什么事都没心思去做，整天沉溺在自己的不平遭遇之中，仿佛你是天下最悲惨的一个，这是不行的。面对这一切，应该心胸放开，眼光放远，不以委屈为念，正像古人说的，如果你视平川大路如沟壑纵横，视身强体健为病痛满身，视平安无事为不测祸福，那你还有什么不平不能忍呢？

《劝忍百箴》中认为：处在不平的状态就会发出声音，这是物理的常

性。豁达的人目光远大，与世无争，尽管别人得到的东西很多，给予我的却很少，我也能忍，不去争讨。别人自视圣明，却认为我愚笨，我也不去计较，依然能忍。优待别人而轻视我，我不看重待遇，同样能忍。别人不能忍受，争斗引起大祸；我的心境淡泊寡欲，不怨恨也不愤怒。他强大而我弱小，应该看到强弱一定有它的原因。他兴盛而我衰微，那也是盛衰自然有它的定数。人在很多时候能战胜天的意志，而天的意志也常常能左右人。世态炎凉不定，而我的心境却常如春天般温和。

这里反映了古人对待不平的态度。首先，人的一生中随时可能陷于不平的境遇。要忍受自己所遇到的不公平待遇，心胸要宽广，不去计较那些小事，而应自我完善。其次，既然知道自己遭受不平时心中难免气愤，所以也应该能够理解他人在遇到不平时的心态。三是要平等对人，不能由于自己的行为造成别人处于不平的境地，这是忍不平的另一个方面。最后，你若是一个统治者或握有一定权力的人，即使个人遇到不平，处于劣势，也不该因私废公，而是应尽心尽力，做到问心无愧，如此才会让自己更好地避开祸殃。

西晋的石苞面对不平，心底无私、坦然相对，使晋武帝终于自省，也消除了自己的不平之境。

石苞是西晋初期一位著名的将领，晋武帝司马炎曾派他带兵镇守淮南，在他的管区内，兵强马壮。他平时勤奋工作，各种事务处理得井井有条，在群众中享有很高的威望。

当时，占据长江以南的吴国还依然存在，吴国的君主孙皓也还有一定的力量，他们常常伺机进攻晋朝。对石苞来说，他实际上担负着守卫边疆的重任。

在淮河以北担任监军的将领名叫王琛。他平时看不起贫寒出身的石苞，又听到一首童谣说："皇宫的大马将变成驴，被大石头压得不能出。"石苞姓石，所以，王琛就怀疑：这"石头"就是指石苞。

于是，他秘密地向晋武帝报告说："石苞与吴国暗中勾结，想危害朝廷。"在此之前，风水先生也曾对武帝说："东南方将有大兵造反。"等到王琛的秘密报告上去以后，武帝便真的怀疑起石苞来了。

正在这时，荆州刺史胡烈送来关于吴国军队将大举进犯的报告。石苞也听到了吴国军队将要进犯的消息，便指挥士兵修筑工事，封锁水路，以防御敌人的进攻。武帝听说石苞固城自卫的消息后更加怀疑，就对中军羊祜说："吴国的军队每次来进攻，都是东西呼应，两面夹攻，几乎没有例外的。难道石苞真的要背叛我？"羊祜自然不会相信，但武帝的怀疑并没有因此而消除。凑巧的是，石苞的儿子石乔担任尚书郎，晋武帝要召见他，可他经过一天时间也没有去报到，这就更加引起了武帝的怀疑，于是，武帝想秘密地派兵去讨伐石苞。

武帝发布文告说："石苞不能正确估计敌人的势力，修筑工事，封锁水路，劳累和干扰了老百姓，应该罢免他的职务。"接着就派遣太尉司马望带领大军前去征讨，又调来一支人马从下邳赶到寿春，形成对石苞的讨伐之势。

王琛的诬告和武帝的怀疑，石苞一点也不知道，到了武帝派兵来讨伐他时，他还莫名其妙。但他想："自己对朝廷和国家一向忠心耿耿、坦荡无私，怎么会出现这种事情呢？这里面一定有严重的误会。一个正直无私的人，做事情应该光明磊落、无所畏惧。"于是，他采纳了孙铄的意见，放下身上的武器，步行出城，来到都亭住下来，等候处理。

武帝知道了石苞的行动以后，顿时惊醒过来，他想：讨伐石苞到底有什么真凭实据呢？如果石苞真要反叛朝廷，他修筑好了守城工事，怎么不进行任何反抗就亲自出城接受处罚呢？再说，如果他真的勾结了敌人，怎么没有敌人前来帮助他呢？想到这些，晋武帝的怀疑一下子被打消了。后来，石苞回到朝廷，还受到了晋武帝的优待。

人的一生怎么可能不遇上一点曲折，不被别人误解？天下之大，哪能什么利益、好处都被你占了去？人总有遇到不顺的时候，有些事并非你不做就不会找上你的，知道了这个道理，就要把心放平和。倘若不被理解就觉得委屈，得不到好处就抱怨命运的不公平，不思自己是否努力，只是怨天尤人，是什么事情也做不好的。受到了不公正的对待，要豁达大度，要冷静，不要执着于一事一时的顺利，应该看到社会的发展，什么事情都不是一成不变的。所以，人在遇到不顺、遭遇不公时，更要从容镇定，慎重地走好每一步。

3. 失意是我们逃不掉的经历

> 失意就像沼泽地一般，你越是深陷其中，越是难以自拔。所以这时候，要学会驻步，及时调整你的心态，及时重新规划你的航程，才有可能变逆境为顺境。

月有阴晴圆缺，人生也是如此。年轻时，情场失意、朋友失和、亲人反目、工作不得志……类似的事情总会在不经意间纠缠你，此时你的情绪可能已经跌至低谷。其实，生活中的低谷就像是行走在马路上遇到的红灯一样，不妨把它当作是为了维持我们人生秩序的一种工具，不妨利用这段时间进行短暂的休息，放松绷紧的神经，为绿灯时更好地行走打下基础。如果没有这样的红绿灯，或许某个时候，人生的道路会突然堵车，给你一个措手不及，让你无所适从。

失意是不能避免的，但我们不能因为一时的失意而把自己的整个人生变成灰色。失意的时候要进行自我情绪调整。或者找人倾诉，或者找到一个途径和方法排解掉郁闷的情绪，才能整装上阵，从头来过。很多时候，你觉得人生不顺，逆境难行，或许不过是你的主观感觉而已，或许情况并没有你想象的那般恶劣，不过是因为你的心情不好，所以产生了悲观的折射。这时候需要自我调节，无论是通过倾诉还是通过心理辅导，这些作用都是次要的，关键是自己帮助自己。适当的休息、深刻的思考或者会帮助你拨开云雾见青天。

人生失意时不能停下脚步，也应该积极进取。条条大路通罗马，此路不通，不妨换条路试试，不妨来个情场失意工作补。处在人生的低谷，悲观、痛苦、怨天尤人都没有用，只会让自己越陷越深。越是逆境，我们越应该保持清醒的头脑和理智，全面认识自己的优点和不足。不妨利用这个机会反省一下，重新认识自己。看到自己的优点，可以抚慰自己那颗受伤的心，让心情归于平静，重新鼓起勇气，走出低谷。

历史上许多伟人，许多有成就者，都有过失意的时候，但他们都能失意不失志，都能做到胜不骄，败不馁。蒲松龄一生梦想为官，可最终也没能如意，但他是幸运的，因为他能及时反省，能及时调转人生的航向。俗话说："朝闻道，夕死可矣。"如果他不能及时省悟，便不会有流芳后世的《聊斋志异》，他的大名也不会永载史册。林肯曾有两次经商失败、两次竞选议员失利的经历，但他最终还是得到了成功女神的垂青，成为美国历史上与华盛顿齐名的伟人。试想，如果他在经商失意时不能及时省悟，不能及时易辙，那他可能连成功的门都摸不着。

失意并不可怕，只要及时省悟，可能你会从此踏上另外一条通往成功的大道。失意时最忌情绪低落，最忌破罐子破摔的思想，一定要想着做点什么帮助自己渡过难关。失意时可以先大哭一场，把失败的苦痛尽快彻底地释放出来。痛苦之后必轻松，哭过以后一定要及时反思，思考自己错在何处，如果还有挽救的余地，那就不可轻言放弃。如果实在是无药可救，自己在这一方面没有什么优势和天赋，那就到了下一步：痛下决心，改弦更张，重新绘制人生的宏伟蓝图。

对于不同的人而言，感到失意的导火索是不同的，所以当你深感失意的时候，就不要再盲目地前行了，片刻的休息、调整方向反而是磨刀不误砍柴工。自己才是最了解自己的人。有时候，面对心理医生你或许有的问题难以启齿，反而误导了辅导方向。所以要依靠自己的力量找出问题的根源。找到了问题的原因才能有的放矢地去解决。在失意的时候，如果条件允许，那么尽量不要一直一个人待着，这时候朋友就显得非常重要。片刻思考过后，把问题想明白也罢，想不明白也罢，都不要再执着地思考下去，或许你的思路已经陷进一个死胡同了，所以这时候你需要放松。人大多数时候处于一种自我厌倦的情绪中，这时候想凭借个人之力而改变自我情绪是困难的，所以要积极地加入周围朋友的欢乐中，让他们的愉快带动你的情绪，或许在不经意间，你的那些小小的失意就会自动烟消云散。

失意就像沼泽地一般，你越是深陷其中，越是难以自拔。所以这时候要学会驻步，及时调整你的心态，及时重新规划你的航程，才有可能变逆境为顺境。得意和失意不过是两种心境罢了，得意时要保持淡然，失意时亦要保持坦然，不管是顺风还是逆风，我相信它们是无法真正阻止你向前方航行的，唯一能阻碍你前进的只有你自己。所以说，失意的时候最关键的是保持信心，不能因为环境的变化，使我们对自己的定位和能力也产生怀疑。每一个成功的人都有过失意的经历，像诗仙李白、诗圣杜甫等等，哪一个不是因为人生失意的境况，才写出那些旷世绝句？

所以说，在失意的时候千万不要垂头丧气，对自己失去信心。去阅读那些名人轶事，你会发现他们也有和你一样不顺利的时候，可是他们却顽强地走过来了，走过那些被乌云遮盖的、没有阳光的日子，后面迎接他们的就是万里晴空。

人生百味，顺境逆境，得意失意，不过是一种心境。当你遭遇到人生失意的时候，你会选择什么样的处理态度呢？你可以选择痛哭一场，但是要记住时间不要太长，否则会错过更多的美好，要及时整理好情绪，再次起航。

第一章

现实很残酷，青春要觉醒

4. 人生的舞台容不得你退出

真正演戏的人可以拒绝当配角，甚至可以从此退出那个圈子，可是在人生的舞台上却无法退出，因为你需要生活，这是现实。

人生不是一个有"因为"就一定有"所以"的必然过程，心想事成常常只是美好的期盼。就像每个人的心中都有自己的志向，但并不是努力了就能实现大志。青春就该奋斗，而在奋斗的过程中，不同的人会有不同的遭遇，所以要时刻保持头脑清醒，认清人生的真相，一厢情愿的事是不会有好的结果的。

有一副对联说：舞台小世界，世界大舞台。特别是职场，更是不断上演着一幕幕悲喜剧。上了职场这个"舞台"，你不仅要一举一动中规中矩，把自己的角色演好，同时也要调整心态，分清台上台下与戏里戏外，这样方能走好你的每一步。

有一位职员，工作非常努力，人也很有上进心，大家都认为他会"上去"。后来他真的升上去了，他每天办公、开会，忙进忙出，兴奋中难掩骄傲的神色。可是过了一年，他又"下台"了，被调到别的部门当职员。

这一打击使他难以承受，重新当了职员后，大概难忍失去舞台的落寞，他日渐消沉，后来变成一个愤世嫉俗的人，再也没有升过官。

事实上，在人生的舞台上，上台下台本就平常。如果你的条件适合当时的需要，当机缘一来(凑巧也罢)，你就上台了，如果你演得好演得妙，你可以在台上久一点，如果唱走了调，老板不叫你下台，观众也会把你轰下台；或是你演的戏已不合潮流，或是老板根本是要让新的人上台，于是你就下台了。这种情形演艺界最为明显，当明星多风光，可谓万千宠爱在一身，可是一旦没有了人气，那种落寞也是一般人难以忍受的。

上台当然自在，可是下台呢？难免神伤，这是人之常情，可还是要"台上台下都自在"。所谓"自在"说的是心情，能放宽心最好，不能放宽心也不能把这种心情流露出来，免得让人以为你承受不住打击。你应"平心静气"，做你该做的事，并且想办法精练你的"演技"，随时准备再度上台，不管是原来的舞台或别的舞台，总会找到属于你的位置。

倪萍就是一个心态极好的人，当年央视的王牌女主持，家喻户晓，红遍大江南北。然而，随着时代的发展，新人辈出，她的主持风格也不再被时代所接受。面对这样的现状，倪萍表现出的不是失落，反倒是清醒的认知，她毅然离开了那个对她来说充满光辉的舞台，悄然回到了她曾经的老本行——影视。对于这一转变，她显得无比淡定，她像一个新人一样，重新开始琢磨表演，丝毫没有失掉光环的悲伤。这就是一个成熟的人，一个有气度的人。

另外，还有一种情形也很令人难堪，就是由主角变成配角。如果你看到了电影和电视剧中的男女主角受到欢迎与崇拜的盛况，你就可以了解由主角变成配角的那种难过。

就像人一生免不了上台下台一样，由主角变成配角也一样难以避免，下台没人看到也就罢了，偏偏还要在台上演给别人看！

真正演戏的人可以拒绝当配角，甚至可以从此退出那个圈子，可是在人生的舞台上却无法退出，因为你需要生活，这是现实。

所以，由主角变成配角的时候不必悲叹时运不济，也不必怀疑有人暗中捣鬼，你要做的也是"平心静气"，好好扮演你"配角"的角色，向别人证明你主角配角都能演！这一点很重要，因为如果你连配角都演不好，那怎么能让人相信你还能演主角呢？如果自暴自弃，到最后就算不下台，也必将沦落到跑龙套的角色，人到如此就很悲哀了。如果能扮演好配角，一样会获得掌声，如果你仍然有主角的架势，或许会有再度独挑大梁的一天。

总而言之，人生的际遇是变化多端、难以预料的，起伏不定，有时逃都逃不过。碰到这种时候，就应有"台上台下都自在，主角配角都能演"的心态，这是面对人生能屈能伸的弹性，这种弹性是为人生找到安顿的唯一法则，同时，这也是赢得别人尊重的重要条件，要知道，没有人会欣赏一个自怨自艾又自暴自弃的人！

5. 美好的事物都是短暂易逝的

生命中大部分的美好事物都是短暂易逝的，享受它们、品尝它们、追随它们的脚步，让自己的生活美满。

有一对年轻的夫妻，日子过得比较清贫，突然一日，妻子得急病去世了。这突如其来的变故，实在叫人难以接受，但是死亡的到来总是如此，让人猝不及防。

男人说他妻子最希望他能送鲜花给她，但是他觉得太浪费，总推说等到下次再买，结果却是在她死后，用鲜花布置她的灵堂。

这不是太愚蠢了吗？！

等到……等到……似乎我们所有的生命，都用在了等待上。

"等到我大学毕业以后，我就会如何如何。"我们对自己说。

"等到我买房子以后！"

"等我最小的孩子结婚之后！"

"等我把这笔生意谈成之后！"

"等到我死了以后。"

人人都很愿意牺牲当下，去换取未知的等待；牺牲今生今世的辛苦钱，去购买来世的安逸。在台湾只要往有山的道路上走一走，就随处都可看到"农舍"变"精舍"，山坡地变灵骨塔，无非也是为了等到死后，能图个保障，不必再受苦。年轻时，我们常常认为必须等到某时或某事完成之后再采取行动。

明天我就开始运动；明天我就会对他好一点；下星期我们就找时间出去走走；现在正是干事业的时候，等干不动了，我们再好好享受生活。

然而，生活总是一直变动，未来总是不可预知，在现实生活中，各种突发状况总是层出不穷。

有些人早上醒来时，原本预期过的是一个平凡无奇的日子，没想到会发生一件意料之外的事：交通意外、脑溢血、心脏病发作等等，刹那间生命的巨轮倾覆离轨，突然闯进一片黑暗之中。

那么我们要如何面对生命呢？

我们毋须等到生活完美无瑕，也毋须等到一切都平稳，想做什么，现在就可以开始。

如果你的妻子想要红玫瑰，现在就买来送她，不要等到下次。

真诚、坦率地告诉她："我爱你""你太好了！"这样的爱语永不嫌多。如果说不出口，就写张纸条压在餐桌上："你真棒！"或是："我的生命因你而丰富。"不要吝于表达，好好把握。记住，给活人送一朵玫瑰，强过给死人送贵重的花圈。

每个人的生命都有尽头，许多人经常在生命即将结束时，才发现自己还有很多事没有做，有许多话来不及说，这实在是人生最大的遗憾。

别让自己徒留"为时已晚"的余恨。

逝者不可追，来者犹未卜，最珍贵、最需要适时掌握的"当下"，往往在这两者蹉跎间，转眼错失。

有许多事，在你还不懂得珍惜之前已成旧事；有许多人，在你还来不及用心之前已成旧人。

　　遗憾的事一再发生，但过后再追悔"早知道如何如何"是没有用的，"那时候"已经过去，你追念的人也已走过了你的生命。

　　一句瑞典格言说："我们老得太快，却聪明得太迟。"

　　不管你是否察觉，生命都一直在前进。人生不售来回票，失去的便永远不再有。不要再等待有一天你"可以松口气"，或是"麻烦都过去了"。

6. 唯有平淡最是长久

当今社会为人提供了施展才华、实现人生价值的舞台。很多人都想有精彩的表演，这无可厚非。但如果看不清自己，放弃平淡与朴素，盲目跟着"高潮"走，那是十分可悲的，因为在"高潮"中有弄潮的人，也有被潮水淹没的人。

时下，社会浮躁，人心更是浮躁，年轻人被所谓的成功学鼓吹得像打了鸡血般追求轰轰烈烈的生活。殊不知，平淡才是生活中不可缺少的底色。

在现实生活里，平淡总是多于辉煌。谁能善待平淡，谁就能把握住生活的真谛，当机会来临时，才能"于无声处听惊雷"。

与平淡形成强烈反差的是开放中的"热烈"。追求物质上的富足与事业上的辉煌，争取人生中的精彩，都不是坏事。但不管是扛枪的、教书的、执法的、种田的，都冲着"富起来"而去，后果且不论，眼下的国家安全由谁来保？学生由谁来教？治安由谁来管？庄稼由谁来种？没有安于平淡，"热烈"就可能陷于混乱。

事业需要平淡。保家卫国的事业是辉煌的，而这辉煌的事业，是由千千万万个平凡的战士用千千万万个乏味的日子组成的。没有平凡的战士，没有乏味的日子，就没有那辉煌的事业。

社会需要平淡。一天，有位老教师遇见当年的学生，学生坚持诚邀他去自己主管的单位当"顾问""董事"，声言"挂名"而已，待遇"从优"。在涌动的市场经济浪潮面前，他却谢绝说："即使人生真如一盘棋，我也不打算'悔棋'了。我将怡然终老于教师这一小卒的岗位上，一如既往地舌耕和笔耕，冷暖自知。"社会正是由于有像这位老教师一类安于平淡的人，才捧托出了"江山代有才人出"的辉煌。

人生需要平淡。人生是个三角形，辉煌是三角形的顶尖，平淡是三角形的底边。换句话说，人生三角形的底边不是财富，不是名利，只是运作事业的平常心。安于平淡，才能倾心于事业；倾心事业，方能创造出人生的辉煌。

成功需要平淡。"天才棋手"李昌镐之所以年纪不大却在世界棋坛上光芒四射，不仅因为他能"青出于蓝而胜于蓝"，还因为他有一种"平常心"，即在下棋时排除私心杂念，专注于棋艺的发挥，不患得患失，名利输赢皆为"心"外之物，从而攀登上一种高境界。当今，不论自己奋斗在什么领域里，少想一点名利得失，抵制一些过度的诱惑，也许正是获取成功的奥妙。

当今社会为人提供了施展才华、实现人生价值的舞台。很多人都想有精彩的表演，这无可厚非。但如果看不清自己，放弃平淡与朴素，盲目跟着"高潮"走，那是十分可悲的，因为在"高潮"中有弄潮的人，也有被潮水淹没的人。

急欲发展经济的中国，需要冷静；急欲先富起来的人，也需要冷静。

在滚滚商潮的冲击之下，人们更需要淡定前行。要保持理智，要对自己、对别人、对今天和未来进行洞悉把握。明白自己只是一个平常人，以平常人的平常心去体味平淡，方能品出生活的真味。

精彩和辉煌，隐于平淡中，现于一瞬间。平淡才是长久的。安于平淡，才能积累出瞬间的精彩；辉煌消失后，要安心复归于长时间的平淡。只有这样，才有真正的自我，才能做出成熟的选择，才有迎接挑战的能力。

7. 生死有如昼夜一样平常

佛说："诸行无常，一切存在的东西，不会永远久住着的。人、动物、花草、树木、山川、土地，都是不会常住的，会生便会灭。"

因为年轻，许多人从未对死亡这件事有过认真的思考。而一旦死亡突然临近，就变得心态极差，甚至出现一些极端的举动，反倒加快了死亡的降临。其实，真正懂得死亡的人，才能够真正懂得生命，生既不足以喜，死也不足以怕，这是一个很自然的阶段。

人，以至一切生物，有生即有死，有死才有生，"方生方死，方死方生"，这就是生命的自然规律。对生和死的态度，形成了每个人的生死观，生死观是一个人世界观的重要内容。有什么样的人生观，就有什么样的处世哲学、生活态度。

庄子在《大宗师》中把生和死看成一种自然现象，指出："死生，命也，其有夜旦之常，天也。"就是说，人的生和死是不可避免的，就像有白天和黑夜一样平常，并且认为"其生也天行，其死也物化"，"其生若浮，其死若休"。一个人的降生是依循着自然界的运动而生，一个人的死亡也只是事物转化的结果。庄子把生死看得很淡。

人既然已经死了，就等于回归了宇宙自然之中，曝尸或深葬、为鸟啄、为蚁食，反正都一样，何必那么在意？

我们要承认生命的自然属性，当生则生，不当生则不生。生则好好生活，死则超然以对。生命总有尽头，何况从宏观上看，生生死死，死死生生，这是人类的新陈代谢。有新陈代谢，历史长河才源远流长，这就是生命的辩证法。

所谓承认生命的自然属性，即认可自我生命的时间和空间。一个人的生命是父母创造的，你无法选择你的家族、身世，更不应该抱怨"为什么要生我"，或"为什么生在平民家庭，而不是生在贵族之家"。当然，你更无法选择你所生存的时代和社会。你没有必要遗憾你为什么不早生或晚生几年。总之，你得承认正是那个特定的时间和空间决定了你人生的一切客观自然条件，你属鸡，还是属猴，由不得你；阿猫、阿狗都是一命，这就是不可改变的现实。

王充在《论衡·命禄》中指出："有死生寿夭之命，亦有贵贱贫富之命。自王公逮庶人，圣贤及下愚，凡有首目之类，含血之属，莫不有命。"卢梭说得更明白："人并非生来就一定能做帝王、贵族、高官或富翁的，所有的人生来就是赤条条的一无所有的，任何人都注定要死的。做人的真正意义正是在这里，没有哪一个人能够免掉这些遭遇。"确实，当你赤条条地来到这世界上的时候，你什么也没有带来；当你长大了拥有什么或拥有多少都不必抱怨，你原本就一无所有。即使面对死亡也不必恐惧，再说恐惧也挡不住死神的魔爪，索性就像庄子那样去想，你本来没有生命，生命使你享受了那么多美好的或者凄苦的时光；何况没有死就没有生，无论是谁，从出生的时候就注定要死，生命与整个宇宙的永恒比较起来就是流星一闪。即便你长寿，也有寿限。据《国宝之光》的主人公来辉武查阅的资料看，历史上年龄最长的寿星是高僧慧昭，活了290岁；英国的弗姆·卡恩活了209岁，经历了12个王朝的变迁；匈牙利有一对长寿夫妻，丈夫约翰·罗文172岁，妻子约翰·沙拉164岁，共度过147年夫妻生活；日本有个农民叫万部，194岁时被天皇召见，当时他的妻子173岁，儿子155岁，孙子105岁，堪称长寿之家；英国一个农民托马斯·佩普活了152岁，历经9个国王当政，后因被宫廷召见，死于饮食过度。当来辉武查阅了这些资料以后，得出一个结论：无论他们的寿命有多长，最终都无一例外地死了，谁也不会"齐宇宙"。所谓"万寿无疆""福如东海，寿比南山"仅是一种美好的祝愿，最终谁都难免一死。

这些事例告诉我们，人的生死有时就是有定数，应了"死生有命，富贵在天"的说法。要顺其自然，就是在大势已去时想得开，别钻牛角尖，特别是面对少年夭折、中年短命、突然变故、死于非命的打击，要寻找平衡才能解脱，不然，你无论如何也不能接受眼前的现实。死而不能复生，活人总得要活下去，一切悲观消极都无济于事。生活中确实难免三灾八难，旦夕祸福，无法预测，也无法摆脱，冥冥之中就形成了"天意"和"命定"。一个好端端的青年，站在屋檐下等他的恋人，当他的恋人来到时，他却已经告别了这个世界，杀手原来是屋檐坠下的冰锥子。

佛说："诸行无常，一切存在的东西，不会永远久住着的。人、动物、花草、树木、山川、土地，都是不会常住的，会生便会灭。"

无常在佛法里是基本的观念。什么叫作无常？"常"就是永恒，"无常"就是非永恒，世间万物皆无常，找不到永恒不朽者，包括日月星辰。尤其众生的生命更是无常，就像是泡沫一样，在时间的长河里瞬间就没了。

在佛陀时代，有一位妇人，她只生了一个儿子，因此，她对这唯一的孩子百般呵护，特别关爱。可是，天有不测风云，人有旦夕祸福，妇人的独生子突然染上恶疾，虽然妇人尽其所能邀请各方名医来给她的儿子看病，但是，医师们诊视后都相继摇头叹息、束手无策。不久，妇人的独生子就离开了人世。

这突然而至的打击就像晴天霹雳，妇人完全无法接受这个事实。她天天守在儿子的坟前，夜以继日地哀伤哭泣。她形若槁木，面如死灰，悲伤地喃喃自语："在这个世间，儿子是我唯一的亲人，现在他竟然舍下我先走了，留下我孤苦伶仃地活着，有什么意思啊？今后我要依靠谁啊？……唉！我活着还有什么意义呢？"

妇人决定不再离开坟前一步，她要和自己心爱的儿子死在一起！四天、五天过去了，妇人一粒米也没有吃，她哀伤地守在坟前哭泣，爱子就此永别的事实如锥刺心，实在是让妇人痛不欲生啊！

这时，远方的佛陀在定中观察到这个情形，就带领了500位清净比丘前往墓冢。佛陀与比丘们是那样的安详、庄严，当这一行清净的队伍宁静地从远处走过来时，妇人远远地就感受到佛陀的慈光摄受，她认出了佛陀！她忽然想到世尊的大威德力正可以解除她的烦忧。于是她迎上前去，向佛陀五体投地行接足礼。佛陀慈愍地望着她，缓缓地问道："你为什么一个人孤单地在这墓冢之间呢？"妇人忍住悲痛回答："伟大的世尊啊！我唯一的儿子带着我一生的希望走了，他走了，我活下去的勇气也随着他走了！"佛陀听了妇人哀痛的叙述，便问道："你想让你的儿子死而复生吗？""世尊！那是我的希望！"妇人仿佛是水中的溺者抓到浮木一般。

"只要你点着上好的香来到这里，我便能使你的儿子复活。"佛陀接着嘱咐，"但是，记住！这上好的香要用家中从来没有死过人的人家的火来点燃。"

妇人听了,二话不说,赶紧准备上好的香,拿着香立刻去寻找从来没有死过人的人家的火。她见人就问:"您家中是否从来没有人过世呢?""家父前不久刚往生。""您家中是否从来没有人过世呢?""妹妹一个月前走了。""您家中是否从来没有人过世呢?""家中祖先乃至于与我同辈的兄弟姊妹都一个接着一个地过世了。"妇人仍不死心,然而,问遍了村里的人家,没有一家是没死过人的,她找不到这种火来点香,失望地走回坟前,向佛陀说:"大德世尊,我走遍了整个村落,每一家都有家人去世,没有家里不死人的啊……"

佛陀见因缘成熟,就对妇人说:"这个娑婆世界的万事万物都是遵循着生灭、无常的道理在运行;春天,百花盛开,树木抽芽,到了秋天,树叶飘落,乃至草木枯萎,这就是无常相。人也是一样的,有生必有死,谁也不能避免生、老、病、死、苦,并不是只有你心爱的儿子才经历这变化无常的过程啊!所以,你又何必执迷不悟,一心寻死呢?能活着,就要珍惜可贵的生命,运用这个人身来修行,体悟无常的真理,从苦中解脱。"妇人听了佛陀为她宣讲无常的真谛后立刻扭转了自己错误的观念知见,此时观看的数千人群在听闻佛法真理的当下,也一起发起了无上菩提心。

生命每时每刻都在不停地消逝,然而能洞察到这一点的人却不多,洞察到且能够超越的人更是微乎其微。通常,人们总是沉浸在种种短暂幻化泡沫式的欢乐中,不愿意正视这些。然而,无常本就是生命存在的痛苦事实,故生命从来就没有停止流逝。

生命的流逝乃至消失是必须面对的事实。逃避是不可能的,也无法逃避。无常的真理在事事物物中无时无刻不在现身说法:依恋的亲人突然间死去,熟悉的环境时有变迁,周围的人物也时有更换。享受只是暂时,拥有无法永恒，欢乐转瞬成了痛苦，执着的愿望不能实现，实现了转眼又破灭；最仇恨的敌人突然变成最好的朋友，最好的朋友突然间又变成了最仇恨的敌人；计划无论怎样周全，预算不管何等详细，却总有出其不意的事件发生。

在蒙古见不到一代天骄，去西安看不到一世霸主。秦皇汉武、唐宗宋祖，转眼间，而今都已不再。人世间的荣耀与悲哀，到最后统统埋在土里，化作寒灰。他们活着的时候，南征北战，叱咤风云，风流占尽，转眼间失意悲伤，仰天长啸，感叹人世，瞑目长逝了，也都化成一捧寒灰，连缅怀的袅袅香烟皆无。曾一度代表中国封建王朝最高权力象征的故宫，如今帝王何在？昨天含笑开放的花朵，今天皆已枯萎凋零。时光飞逝，岁月不再。难怪有人长叹："身是杯中酒，万事皆空。""对酒当歌，人生几何；譬如朝露，去日苦多。""滚滚长江东逝水，浪花淘尽英雄，是非成败转头空，青山依旧在，几度夕阳红。"年轻的诗人也感叹："闲云潭影日悠悠，物换星移几度秋。阁中帝子今何在？槛外长江空自流。"

春该常在，花应常开，而春来了又去了，了无踪迹；花开了又落了，花瓣也被夜里的风雨击得粉碎，混同泥尘，流得不知去处。

的确，人们每提起"人生无常"这个话题，大多认为意义是负面的，但我们是否曾从相反的角度来考虑问题——若不是有无常的存在，花儿永远不会开放，始终保持含苞的姿态，那大自然不是太无趣了吗？大自然中，当花草树木的种子悄悄地掉落大地，无常就开始包围着它们，让阳光、土和水来滋养和改变它们，不消多久，植物的种子开始生根、发芽、长叶、开花和结果，让人们惊异于生命的可贵，这是无常带来的改变，这种改变是一种喜悦。

人们害怕无常，不喜欢无常带来的负面改变。但是，任何现象都是一体两面的，有白天就有黑夜，有好就有坏，有对就有错，所以，有生就有死。因此，不必害怕无常，反而要勇敢地接受无常，迎接它令人欢喜的一面，也接受它使人痛苦的另一面，因为这是最自然的人生现象。

第一章 现实很残酷，青春要觉醒

第二章

青春时节

每个人都要从跌倒中学会走路

没有一帆风顺的人生之路，即使身为王公贵族，也会有行走跌跤的可能，这便是成长的代价。成长的过程好比在沙滩上行走，一排排歪歪扭扭的脚印，记录着青春的足迹，只有经受了挫折，我们的双腿才会更加有力，人生的脚步才能更加坚实。

1. 每个人都要从跌倒中学会走路

> 每一个困难与挫折，都只是生活中必然的跌跤动作，我们不必太过惊慌或难过。只要心里牢牢记得小时候那种不怕跌倒的勇敢精神，鼓励自己站起来，拍拍灰尘，然后继续前进，或许下一步，我们就能踏着沉稳的步伐，朝着人生的新目标前进。

1989年，日本松下公司公开招聘管理人员，一位名叫福田的青年参加了考试。考试结果公布，福田名落孙山。得到这一消息后，福田深感绝望，顿起轻生之念，幸亏抢救及时，他自杀未遂。此时公司派人送来通知，原来福田被录取了，他的考试成绩名列第二，因当时计算机出了故障，所以统计时出了差错。然而，当松下公司得知福田因未被录用而自杀时又决定将他解聘。其理由是，连这样小小的打击都经受不起的人，又怎么能在今后艰苦曲折的奋斗之路上建功立业呢？由此可见，心理素质对一个人来说是何等重要！

人生之路充满坎坷，一个人不可能永远一帆风顺，难免遇到挫折。遇到挫折并不可怕，重要的是你如何面对它。有的人会灰心、会气馁，就像上述这位青年；而有的人会调整心态、重整旗鼓……不愿面对失败的人，永远都是失败的；敢于面对失败的人，即使最后失败了，也仍然是胜利的，因为他懂得如何对待挫折。不敢面对挫折的人，不是一个自信的人，因为一个自信的人是不会那么介意自己的失败的，他对自己充满信心，他知道自己最终会胜利。人只要多一点自信，就会坦然地面对挫折。

美国成人教育家卡耐基经过调查研究认为，一个人事业上的成功，只有15％在于其学识和专业技术，而85％靠的是心理素质和善于处理人际关系。1976年奥运会十项全能冠军的获得者詹纳，曾从体育比赛角度作了类似的论述，他说："奥林匹克水平的比赛，对运动员来说，20％是身体方面的竞技，80％是心理上人格上的挑战。"事实上，每个人都有充分发展自己、使自己取得巨大成就的智慧，可惜不少人却忽视了自我开发的巨大潜力。

草地上有一个蛹，被一个小孩发现并带回了家。过了几天，蛹上出现了一道小裂缝，里面的蝴蝶挣扎了好长时间，身子似乎被卡住了，一直出不来。天真的孩子看到蛹中的蝴蝶痛苦挣扎的样子十分不忍，便拿起剪刀把蛹壳剪开，帮助蝴蝶脱蛹而出。然而，由于这只蝴蝶没有经过破蛹前必须经历的痛苦挣扎，以致出壳后身躯臃肿，翅膀干瘪，根本飞不起来，不久就死了。这个小故事也说明了一个人生的道理，要得到欢乐就必须能够承受痛苦和挫折。这是对人的磨炼，也是一个人成长必经的过程。

小时候，我们都是从跌倒中学会走路的，即使长大成人，这样的生命方式也不会改变，我们仍然得"从跌倒中学会走路"，这是人成长的规律，所以，平静地接受这个事实吧，这样我们才能走得更加坦然。

2. 如果你坚持的时间够长，肯定会出现转机

有人把挫折比作一块锋利的磨刀石，我们的生命只有经历了它的打磨，才能闪耀出夺目的光芒。"不经历风雨，怎能见彩虹？"挫折其实是一笔财富。

我们成长的过程曲折坎坷，总是伴随着辛酸与烦恼。挫折固然会使人受到打击，给人带来损失和痛苦，但挫折也可能会给人激励，让人警觉、奋起、成熟，把人锻炼得更加坚强。挫折既能折磨人，也能考验人、教育人，使人学到许多终身受益的东西。德国诗人歌德说："挫折是通往真理的桥梁。"挫折面前没有救世主，只有自己才是命运的主人。只要我们把命运牢牢地掌握在自己手中，就会历经挫折而更加成熟和坚强，从而更有信心获得胜利和成功。

有人把挫折比作一块锋利的磨刀石，我们的生命只有经历了它的打磨，才能闪耀出夺目的光芒。"不经历风雨，怎能见彩虹？"挫折其实是一笔财富。多少次艰辛的求索，多少次噙泪的跌倒与爬起，都如同花开花落一般，为我们今后的人生道路作了铺垫。成长的过程好比在沙滩上行走，一排排歪歪扭扭的脚印，记录着我们成长的足迹，只有经受了挫折，

我们的双腿才会更加有力，人生的足迹才能更加坚实。

既然挫折一定会不期而至，我们应该以怎样的心态来面对呢？

博恩·崔西所著的《胜利》一书中，讲述了一个关于丘吉尔的故事：

1941年，英国正处于第二次世界大战中最阴暗的日子里。有些人要求温斯顿·丘吉尔向德国求和，但是被他拒绝了。当时，丘吉尔正面临着德国在欧洲的压倒性的军事优势，而美国又明确表示不会再卷入欧洲地面战争。为什么丘吉尔拒绝寻求达成某种和平协议，以结束战争呢？

丘吉尔说："肯定会出现某种状况，把美国卷入战争，这样就可以使战争形势急转直下。"

有人问他为什么那么自信地认为肯定会出现那样的状况，他回答说："因为我研究过历史，历史告诉我，如果你坚持的时间够长，就肯定会出现转机。"

我们今天所面对的绝大多数挫折和丘吉尔在第二次世界大战中所面对的巨大挑战相比根本无足轻重，关键是看你能不能以平常心来看待，并且坚信能够等到转机的出现。

这是一个普遍的现象：即便是成功者和大人物，他们在事业的开头也往往是以挫折和失败作为开场白的，而且即便日后获得了成功，也还会经常碰到挫折，这一点与一般人对成功者的理解并不相同。即便像美国总统林肯那样伟大的人，虽然最后赢得了整个战争的胜利，但是在南北战争的第一仗中也面临惨败。而且，当林肯在总统任上发表著名的具有划时代意义的《解放宣言》的时候，这个事实上是如此英明和伟大的宣言，却在当时激起了整个美国社会的剧烈反响，攻击者不但来自他的政敌，甚至还出现在他的支持者中，骚乱在各地蔓延。然而，为了让世人看清他是一个怎样的领袖，林肯绝不屈服。面对日复一日巨大的挫折和压力，林肯以他的坚忍不拔，证明了他想要证明的一切。

在挫折面前，我们最需要的就是平常心。不要浪费时间去为已经无法改变的事情担忧，因为忧愁对事情毫无助益。分析眼前的情况并寻求解决的办法更加重要。任何事情都不是一成不变的，明白这一点，你就会乐观起来。

不妨尝试按照下面叙述的过程，积极应对每一次失败、每一个挫折。

首先要卸掉思想的包袱。一个人无法永远控制情势，但是，可以选择面对困境的态度。不管你做得有多么的糟糕，都要知道，挫折是任何人都无法避免的，这个认识有助于你正确地去理解和面对挫折。

很多人往往自己先被自己的精神给压垮了，想象中的问题，永远比真实存在的问题严重得多。良好的心态是解决一切问题最重要的前提，有什么样的思想，就会有什么样的行为。而积极的心态和认识正是积极的行为的前提。

其次要重视挫折，及时总结经验，想出更好的改进办法。知道下一次怎样可以做得更好一点，然后把这个教训牢牢地记在心中，并且永远不要在同一个地方摔倒两次。教训是挫折所能给人的最大的教益，或者说，经验也正是由之积累而来。如果必要的话，你还要把这个教训用一个专门的本子记下来，并时常温习，因为人类是很容易"好了伤疤忘了疼"的。只要你耐心地去总结，不断地去找出改进的方法，你就会变得越来越成熟，越来越聪明，越来越有职业和人生的经验，而且越来越少地犯不必要的错误。

再次要勇敢地去承担后果，同时，还要原谅自己。新的机会每天都在出现，但是，没有什么比背着沉重的精神包袱更能伤害一个人的健康和意志的了，而一个人如果不能勇敢地面对问题，也就无法原谅自己，他就永远活在了过去，而无法去面对明天和未来。比起昨天的挫折和失败，更加重要的是接下来你的所作所为，因为这才决定了明天你会收获什么。

接下来用最快的速度行动起来，全力以赴地去做下一件事。行动，是摆脱沮丧最好的办法。哪怕是最微不足道的行动都是治疗心理创伤最好的办法。情绪无法被理智说服，但却往往会被行动所改变，这是人类最奇妙的现象之一。即便你只是收拾了一下房间，做了一顿美味的饭菜，出去散散步，在大自然中运动了一会儿，都会使你的状况和心情有所改观，而这份小小的成就感，可以重新帮助你找到自信。

同时要相信时间会帮你的忙。看看是否还有办法去补救或挽回，如果面对的是一时无法改变的局面，那就如丘吉尔一般，先忍耐和等待，并相信时间一定会帮你的忙。

3. 走上坡路未必成功，走下坡路必定失败

> 我们不要借口一颗平凡的心就不去奋斗，那背离了自己生命的本质，是消极厌世。要以一颗平常心面对这浮躁的世界，踏踏实实地履行自己神圣的职责，一步一个脚印地走好人生路。但人生路从没有一帆风顺的，所以，不妨有意发展，无意成功，锲而不舍，功到自然成。

如今的于娟，是贵阳市的名人，她有很多"头衔"：国务院授予的"全国青年兴业领头人"、省"十大下岗创业明星"、省个协、私协美容美发委员会副会长。

可是，提起于娟五年的创业历程，她自己都说：在开美容院之前，她是一个不成功的"商人"。

1996年，西南工具总厂进入困难时期，于娟与丈夫一起停岗待工，两人的收入已不能支持家庭开支。

看着上学的女儿、多病的母亲、正上大学的妹妹，于娟与丈夫商量后决定，自己下岗做生意，丈夫则继续待工。

下岗后，于娟像很多下岗职工一样，首先想到的就是摆地摊，批发小

百货来卖。

每天，她蹲在路边，守着小摊，眼巴巴地盼着有人光顾。就这样看着来来往往的人群守了一个月，连盒饭都舍不得买，一算账，竟还亏了几十元。

小百货不好卖，就卖别的吧。于娟从家里挤出120元，从水果批发市场批发了樱桃来卖。可这回，樱桃一颗颗烂在家里，紧赶着处理，还是亏了50元。卖用的、吃的都贴钱，于娟又改卖穿的。东挪西借后，她去进了一批皮鞋，每天她把几大捆鞋装在蛇皮口袋里，用自行车驮着，四处叫卖。

一个秋雨蒙蒙的傍晚，她去卖鞋，艰难地在凹凸不平、泥浆四溅的路上骑行。这时，蛇皮袋绞入后车轮，她连人带车栽入烂泥中，几次想爬都爬不起来。

幸好一个钓鱼的老人路过，将她拉了起来，还帮她把散落满地的皮鞋捡起来。

就这样，皮鞋生意也半途而废了。家里也没有钱让她再去"折腾"，经朋友介绍，她到雅芳公司当了化妆品推销员。

由于长期的风吹日晒，东奔西跑，于娟患上了严重的胃病和美尼尔氏综合征，脸部皮肤粗糙，还有大块大块的黄褐斑。

这样的形象去推销化妆品，就有顾客公开奚落她："看看你自己的样子，也来搞化妆品推销。"

于娟没有气馁，她觉得很多人下岗后不再创业是因为不肯放下国企职工的架子，这对于她来说不算什么，生活嘛，谁还不都得过几道坎，她一定能干好。

于是，于娟每天穿梭于大街小巷，四处苦口婆心地推销，终于让自己的生活有了转机。

但是，顾客的冷落一直是她心头的病，也让她看到了商机——美容业。于娟放弃了已能养家糊口的推销工作，到一家美容院当起了一个月只有150元工资的"学徒"。

在美容院打工的三个月，是她学习的三个月，她全部的工资都变成了相关书籍，加上师姐的指点，她的技艺突飞猛进。

三个月时间，这家美容院已不能满足她的求知欲，在丈夫的支持下，她变卖了家中唯一的电器——电视机和部分家具，来到贵阳一家专业美容美发培训中心学习，并拿到了"高级美容师"职称。

学成后，于娟借了一万元，租了一间12平方米的门面，开了只有两张美容床的"娟娟美容院"。

有了自己的目标，有了自己的天空，于娟更加努力，摸索出一套属于自己的洗脸按摩手法，更在化妆上有了突飞猛进的提高。从此，于娟的生活步入坦途，生意越做越大。

现在，于娟的美容院更名为美容美发形象中心，有240平方米，上下两层楼，有员工十多人，美容床21张，有自己的美容美发培训学校。

于娟成功了，其实奋斗之后迎来辉煌也是大自然的规律。

世上的路很多，归根结底只有两条：上坡路和下坡路。走上坡路，沿途可能会有荆棘刺破你的双脚，你付出了汗水、泪水和血水，也不一定走得很高；走下坡路就显得很容易，你无须把握自己，有地心引力的帮助会让你一路轻松向下。到底走哪一条路，如果你还存有一颗上进心，还渴望生活带给你喜悦，相信你会知道要如何选择。

4. 我们通常是输给自己，而不是输给别人

> 凡是能够肯定自己、征服自己、控制自己、创造自己、超越自己的人就具备了足够的力量战胜事业和生活中的一切艰难、一切挫折、一切不幸。

人的一生，总是在与自然环境、社会环境、家庭环境作着适应及克服的努力，因此有人形容人生如战场，勇者胜而懦者败；从生到死的生命过程中，所遭遇的许多人、事、物，都是战斗的对象。其实，自己的心念往往不受自己的指挥，那才是最顽强的敌人。

莎士比亚曾说："假使我们自己将自己比作泥土，那就真要成为别人践踏的东西了。"

其实，别人认为你是哪一种人并不重要，重要的是你是否肯定自己；别人如何打败你，并不是重点，重点是你是否在别人打败你之前，就先输给了自己。趁着年轻，我们必须认识到这一点，很多人失败，通常是输给自己，而不是输给别人。因为自己如果不做自己的敌人，世界上就没有敌人。

这是一个真实的故事：

美国从事个性分析的专家罗伯特·菲力浦有一次在办公室接待了一个因企业倒闭而负债累累的流浪者。

罗伯特从头到脚打量眼前的人：茫然的眼神、沮丧的表情、十来天未刮的胡须以及紧张的神态。专家罗伯特想了想，说："虽然我没有办法帮助你，但如果你愿意的话，我可以介绍你去见本大楼的一个人，他可以帮助你赚回你所损失的钱，并且协助你东山再起。"

罗伯特刚说完，这个人立刻跳了起来，抓住罗伯特的手，说道："看在老天爷的份上，请带我去见这个人！"

罗伯特带他站在一块看来像是挂在门口的窗帘布之前，然后把窗帘布拉开，露出一面高大的镜子，他可以从镜子里看到他的全身。罗伯特指着镜子说："就是这个人。在这世界上，只有这个人能够使你东山再起，你觉得你失败了，是因为输给了外部环境或者别人了吗？不，你只是输给了自己！"

流浪者朝着镜子走了几步，用手摸摸他长满胡须的脸孔，对着镜子里的人从头到脚打量了几分钟，然后后退几步，低下头，哭泣起来。

几天后，罗伯特在街上碰到了这个人，他不再是一个流浪汉形象，而是西装革履，步伐轻快有力，头抬得高高的，原来那种衰老、不安、紧张的神态已经消失不见了。

后来，那个人真的东山再起，成为芝加哥的富翁。

就像故事中的主人公一样，人生在世，要战胜自己很不简单，一般人得意时容易忘形，失意时自暴自弃；人家看得起时觉得自己很成功，落魄时觉得没有人比他更倒霉。唯有不受成败得失的左右、不受生死存亡等有形无形的情况所影响，如此，纵然身体受到束缚，却能心灵自由，才算战胜自己。

当然，我们不得不承认，人性都是有弱点的。在人的一生中，想得最多的是战胜别人，超越别人，凡事都要比别人强。心理学家告诫我们：战胜别人首先要战胜自己。

我们常常看到有的人想努力学习、努力工作，却战胜不了自己的散漫和懒惰；想谦虚待人，却战胜不了自己的自负与骄傲；想和别人和谐相处，却战胜不了自己的自私与偏见……

关键是我们要懂得：

战胜了懒惰，才会有勤奋；战胜了骄傲，才会有谦逊；战胜了固执，才会有协调；战胜了偏见，才会有客观；战胜了狭隘，才会有宽容；战胜了自私，才会有大度。

如果说懒惰、骄傲、固执、偏见、狭隘、自私是人性的弱点，那么勤奋、谦逊、协调、客观、宽容、大度就是人性的优点。

美国著名心理学教授丹尼斯·维特莱把这些人性的优点称之为良好的精神准备。他指出："有无良好的精神准备，或是打开成功之门的钥匙，或是封闭成功之门的铁锁。因此，战胜别人首先要战胜自己，因为最强大的敌人不是别人而是自己。"

人生最强大的敌人就是自己，最大的挑战就是挑战自我。

自己肯定自己，是一种意志的胜利；

自己征服自己，是一种灵魂的提升；

自己控制自己，是一种理智的成功；

自己创造自己，是一种心理境界的升华；

自己超越自己，是一种人生的成熟。

5. 很多困难都不过是虚张声势

　　人生就是不断出现困难而我们又不断解决困难的一个过程。上帝发给每个人的考卷内容都是一样的，都是选择题，但没有标准答案。尽管如此，请记住一点，办法永远都比困难多。

　　古时候，有个打柴的人来到了一条水沟边，遇到山洪暴发，桥被冲断了，他实在过不去。这个时候他发现山涧旁有一座神庙，神庙里有个神像。他把神像取了出来，用它在水沟上搭了一座很简易的"桥"，顺利地走了过去。不久，又有一个人经过那里，当他看到神像被放在水沟上时，连声叹息："真不知道是哪个强人胆子这么大，对神像竟敢如此亵渎？"他将神像扶了起来，而且用自己干净的衣服把神像擦得干干净净，然后双手捧着神像，将它送回神座上去，很虔诚地拜了几拜后，沿着原路返回。

　　庙里的小鬼问神像说："您在这里做神明，理所当然地享受着人们的祭祀。现在居然有个很是无知的人这样侮辱您，我看您应该赶紧降祸惩罚他才行，否则以后您就什么威严都没有了。"神像听了以后，哈哈大笑说："这些我都不是很在乎，我也不会降祸给那个打柴的人。"小鬼很是不理解："那个打柴的人用脚来践踏您，我觉得这个世界上没有比这更严重的侮辱了，您怎能不在乎呢？"

神像笑着说："原因其实很简单，因为前面那个人根本就不相信神道，对于这样的人，我怎能降灾祸给他？"

打柴人不相信一些约定俗成的东西，反而得到了神像的尊重和敬畏。很多时候，一个人的决心和困难是此消彼长的关系。决心越大，困难越小；决心越小，困难越大。人们遵从一些约定俗成的东西，其实质是想逃避一些困难，而不是想办法来解决困难。就像后来的那个人将神像扶起，然后并没有过沟，而是原路返回。这样的人永远都会在困难面前寻找理由。人们应该正确地面对困难，决心和努力越大，困难就越小。

况且，我们经常遇到的很多被称为困难的东西，都不过是虚张声势，根本就不值得害怕。有一则寓言很清楚地指出了虚张声势者的本质。

有一个人在自家的园子里松土，锄头正要锄到一个土堆的时候，突然土堆的后面爬出一只毒蜘蛛。毒蜘蛛很大，而且长相恐怖。农夫吓了一大跳，赶紧跑到一边去了。毒蜘蛛挥舞着长爪，发出怪叫声，似乎在威胁农夫："你敢动我一下，我就立即咬死你！"

当毒蜘蛛看到农夫有点害怕的神情，就又向前爬了几步，张开大嘴现出十分凶恶的样子，那神情似乎在说："该死的农夫，你听明白了，只要你被我咬上一口，你立即就会死掉。首先你会在痛苦中抽搐，然后在更加痛苦中咽气！所以你最好给我走开，我现在可以不伤害你，否则的话，你要倒大霉！"

过了很长时间，农夫的情绪渐渐稳定下来了，他心里很明白这只毒蜘蛛是在装腔作势，其实这个小东西是过高估计自己了，这正好说明它是很害怕的。想到这里，农夫向后退了一步，然后运足了力气，光着脚狠命地朝着毒蜘蛛踩去，边踩边说："其实你也挺吓人的，但是不知道你实际上又是怎么样。我倒想知道，你到底能不能咬死我！"

结果，毒蜘蛛被农夫踩死了。然而在毒蜘蛛被踩死之前，它还是狠命地在农夫的大脚掌上咬了一口，但这个农夫始终相信毒蜘蛛不过是在虚张声势。果然如此. 由于农夫的脚掌上有着厚厚的老茧，所以他只感觉到被轻微一蜇，就没有其他任何不好的感觉了。踩死毒蜘蛛后，农夫觉得特别轻松。

其实很多时候，困难就像毒蜘蛛，而人要向农夫学习。解决困难的过程也许会伴随着痛苦，但是一旦困难解决了，人就会立即轻松起来。如果困难迟迟得不到解决，那么痛苦就会一直持续，而毒蜘蛛的口气就会越来越大，人的心情也就会越来越沉重。

6. 一味拼杀的是莽士，懂得变通的是智者

生命就像一条河流，不断回转蜿蜒，才能绕过崇山峻岭，汇集百川，成为巨流。生命的真谛是实现，而不是追求；是面对现实环境，懂得转弯迂回和成长，而不是横冲直撞或逃避。

青春的我们是行走中的人，而行走中的人既要能够看到远处的山水，也要能够看清自己脚下的路。不计较一时得失，基于全景考虑而决定的变通，往往是抵达目的地的一条捷径。

穷则变，变则通。佛教说人生本是苦海，人生亦有妙境。生命的长途中既有平坦的大道，也有崎岖的小路，聪明的人既向往大道的四通八达，也憧憬小路上的美丽风景；生命的轮转中四季交替，既有姹紫嫣红、草长莺飞的明媚春光，也有银装素裹、万木凋零的凛凛冬日，万物生灵随着季节的轮转调整着自己的生存方式。

在生命的春天中，我们尽可以充分享受和煦的春风、温暖的阳光，而遭遇寒冬之时，要及时调整步速，不急不躁地把握住生命的脉搏。

人的一生，总要经历风雨，横冲直撞、一味拼杀的是莽士，运筹帷幄、懂得变通的才是智者。

从前有一个穷人，他有一个非常漂亮的女儿。穷人家境拮据，妻子又体弱多病，不得已向富人借了很多钱。年关将至，穷人实在还不上欠富人的钱，便来到富人家中请求让他拖延一段时间。

富人不相信穷人家中困窘到了他所描述的地步，便要求到穷人家中看一看。

来到穷人家后，富人看到了穷人美丽的女儿，坏主意立刻就冒了出来。他对穷人说："我看你家中实在很困难，我也并非有意难为你。这样吧，我把两颗石子放进一个黑罐子里，一黑一白，如果你摸到白色的，就不用还钱了，但是如果你摸到黑色的，就把女儿嫁给我抵债！"

穷人迫不得已只能答应。

富人把石子放进罐子里时，穷人的女儿恰好从他身边经过，只见富人把两颗黑色石子放进了罐子里。穷人的女儿刹那间便明白了富人的险恶用心，但又苦于不能立刻当面拆穿他的把戏。她灵机一动，想出了一个好办法，悄悄地告诉了自己的父亲。

于是，当穷人摸到石子并从罐子里拿出时，他的手"不小心"抖了一下，富人还没来得及看清颜色，石子便已经掉在了地上，与地上的一堆石子混杂在一起，难以辨认。

富人说："我重新把两颗石子放进去，你再来摸一次吧！"

穷人的女儿在一旁说道："不用再来一次了吧！只要看看罐子里剩下的那颗石子的颜色，不就知道我父亲刚刚摸到的石子是黑色的还是白色的了吗？"说着，她把手伸进罐子里，摸出了剩下的那颗黑色石子，感叹道："看来我父亲刚才摸到的是白色的石子啊！"

富人顿时哑口无言。

穷人的女儿通过思维的转换成功地扭转了双方所处的形势。所以很多时候与其硬来，不如变通一下更有效果。当客观环境无法改变时，改变自己的观念，学会变通，才能在绝境中走出一条通往成功的路。

生活中的许多事情往往都要转弯：路要转弯，事要转弯，命运有时也要转弯。转弯是一种变化与变通，转弯是调整状态，也是一种心灵的感悟。生命就像一条河流，不断回转蜿蜒，才能绕过崇山峻岭，汇集百川，成为巨流。生命的真谛是实现，而不是追求；是面对现实环境，懂得转弯迂回和成长，而不是横冲直撞或逃避。

高山不语，自有巍峨；流水不止，自成灵动。沉稳大气、卓然挺拔，是山的特性；遇石则分，遇瀑则合，是水的个性。水可穿石，山能阻水，山有山的精彩，水有水的美丽，而山环水水绕山，更是人间曼妙风景。

7. 饿死的好马，只能算是一匹死马

> 人各有性，当然人也各有其志，每个人都有自己不同的人生观与处世之道，我们不可苛求每个人都得去吃回头草，但在面对残酷的现实时，我们要劝说一句：饿死的好马，就只能算是一匹死马，而非一匹好马了！

生活中有一些俗语常常能揭示大部分年轻人的心理状态，并且大部分年轻人也的确是按照这样的方式来处理事情的，这些方式往往成为了他们看问题的一种习惯。那么，按照这种俗成之见行事果真就是正确的吗？这种方式确实能让我们更好地生活吗？我们不妨来分析一下我们最常见的两句俗语——"好马不吃回头草""好汉不吃眼前亏"。

某公司员工因故被老板辞退，一个星期后，老板又给她打来电话，并向她解释，之所以让她走人，确实是因为老板当时心情不好，但公司现在仍欢迎她回去，而这位员工听说后生气地予以拒绝：好马不吃回头草！

还有一位男士，他被女朋友给甩了，因此心情十分痛苦，因为他内心里深爱着这位女孩。过了一段时间，那位女孩回头向他认错，并表示要与他重归于好，而这位男孩为了维护自己的男子汉气概，便傲气地说道：好马不吃回头草！

这是在日常生活中，我们经常听到人们说的一句俗话：好马不吃回头草！是的，作为一个人，我们不能没有做人的骨气与人格。为了达到自己的某一目的而受人摆布，丧失应有的自尊与道德，实在不是一种可取之道。但有些场合下，曲折迂回战术确实能助你一臂之力。如果一味恪守"好马不吃回头草"这一信条，你就缺少了一个回旋的空间，自己把自己的路给堵死了，那不就成了自找不自在了吗？

或许你会说：做人就是要有一种"好马不吃回头草"的志气，要有一种"生当作人杰，死亦为鬼雄"的英雄气概。但你应该细想一下，如果你真的有志气，宁可当匹英雄的死马，也不做一匹赖活的活马，那么世人倒真应该为你立块纪念碑了。但现实生活中，很多人却是因为一时冲动、意气用事而断送后路。况且在很多情况下，你完全有把握分清自己当时是一种志气还是意气用事。绝大多数人就是在面临该不该回头时，缺少了应有的判断，而错把意气当成了志气，或用志气来掩盖自己的意气，明知自己已无草可食，而回头草又鲜又嫩，却怎么也不肯回头去吃！

当然，我们并不是教你老是去吃回头草，而不去寻找自己的生路。生活中的很多事情都有多种可能与选择，并不是不吃回头草就必定会饿死。回不回头，这完全是一种选择，当你面临回不回头这一选择关卡时，请想想：

首先，你现在有没有草可以吃？如果有，这些草能不能吃饱？如果不能吃饱，或目前无草可吃，那么未来会不会有草可吃？在吃到草之前，你尚能支撑多少时间？

其次，这些回头草本身的草色如何？值不值得去吃？对你到底有何意义？

除了上面两点之外,你完全可以暂且不考虑别的问题,如面子、志气等,因为一旦考虑了面子和志气,就会使你无法冷静和客观地对待自己目前的处境与问题。换句话说,你要考虑的是现实,而不是面子问题和志气问题!

当然,回头草有时是好,可是吃起来并不那么令人好受,因为当你吃回头草时,也许会碰到周围人们的议论,甚至是嘲讽,以至于让你无法张口、消化不良!这里,奉劝你一句话:吃你的草,管他如何议论!你只要认真诚恳地吃,填饱肚子,养肥自己就可以了!何况时间一久,别人也会忘记你是否吃过回头草,而且当你回头草吃得自己身强体壮,并且对他人大有帮助时,别人还会佩服你——果然是一匹好马!

人各有性,当然人也各有其志,每个人都有自己不同的人生观与处世之道,我们不可苛求每个人都得去吃回头草,但在面对残酷的现实时,我们要劝说一句:饿死的好马,就只能算是一匹死马,而非一匹好马了!

如何才算得上是一匹好马咱先不说了,再来看看这好汉该怎么做。

古人说:"好汉不吃眼前亏。"而这里我们也要变通一下:"好汉能吃眼前亏"!细想一下,此话不无道理。

假设有这样一种情境:你开车时与他人的车相擦碰,给对方的车弄了一处小伤,甚至可以说根本算不上伤,可是你不想吃亏,准备和对方论一番理。突然,对方车上下来四个彪形大汉,个个横眉竖目,围住你索赔,眼看四周无人相助,也无其他脱身的办法,请问,你是要吃赔钱这个亏,还是等着被揍得鼻青脸肿呢?

当然,如果你能说退他们,或是能打退他们,而且保证自己不受伤,你完全可以不吃这个眼前之亏。

如果你既不能说又不能打,那么看来也只有赔钱了事了。你说他们蛮横无理也好，欺人太甚也罢，但在这种情形之下，你也毫无办法。因此我们要奉劝你的是，在人性丛林里，说理这件事并不容易，也并不是时时处处都能说理！适者生存，哪有什么理可说呢？从上面这一假设的情形来看，赔钱就是一种眼前亏，你若不吃，换来的可能是一顿拳打脚踢或是车子遭到破坏。你也许会想去报警，但人都快被打死了，还去报警？所以这里我们说："好汉能吃眼前亏"，因为眼前亏不吃，可能预示着你要吃更大的亏！

好汉能吃眼前亏，其目的是以吃眼前之亏来换取其他的利益，是为了获得存在和更高远的目标，如果因为不吃眼前亏而蒙受巨大的损失或灾难，甚至把命都弄丢了，那还谈什么未来和理想？

可是有不少人一碰到眼前亏，就会为了所谓的面子和尊严而与对方展开搏斗，有些人因此而一败涂地、不能再起，有些人虽然获得惨胜，但已元气大伤！

自古以来就有不少好汉能吃眼前亏的典型，汉代开国名将韩信就是一例。乡里恶少要他从胯下爬过，不爬就要揍他，韩信二话不说，爬了。如果不爬呢？恐怕一顿拳打脚踢后，韩信不死也只剩半条命，哪来日后的统领雄兵、叱咤风云？他吃眼前亏，为的就是保住有用之躯，留得青山在，不怕没柴烧啊！越王勾践，卧薪尝胆二十年，为的是将来的报仇雪恨！

所以，当你在人性丛林中碰到对你不利的环境时，千万别逞血气之勇，也千万别认为士可杀不可辱，还是吃点眼前亏比较明智。能吃眼前亏，可保百年身呀！

从以上两个例子来看，要想淡定地生活，就得有一种妥协的精神，不可意气用事，逞一时之勇，要依据实际情况改变我们的做法，不要让俗见束缚了我们的心，要懂得与现实的人生握手言和，而不是死要面子活受罪！

第三章

学会接受

青春可以很淡定

青春的我们力量似乎很薄弱，总有一些事情让我们无能为力。然而，懊恼并不能改变什么。荷兰的阿姆斯特丹有一座十五世纪的教堂遗迹，里面刻有一段话："事必如此，别无选择。"这句话可谓是一语道破天机，当我们面对无法更改的现实时，接纳则是最好的选择。接受事实是克服不幸的第一步，即使我们拒绝接受命运的安排，也无法改变事实分毫，我们唯一能改变的，只有自己。

1. 对生活要有接纳之心

> 面对生活，我们要有接纳之心，对拥有的一切感到满足，用积极的态度面对人生，这样才能获得宁静与平和。

我们必须相信，人生有许多事情是无法改变的，有些时候，你一定得知道你所处的环境和状况，清楚了这一点，你才能活得更加知足而快乐。

露西莉·布莱克讲述了自己的如下经历：

"我的生活一直非常忙乱，在亚利桑那大学学风琴，在城里开了一间语言学校，还在我所住的沙漠柳牧场上教音乐欣赏的课程。我参加了许多大宴小酌、舞会和在星光下骑马。有一天早上我整个垮了，我的心脏病发作。'你得躺在床上完全静养一年。'医生对我说。他居然没有鼓励我，让我相信我还能够健壮起来。

"在床上躺一年，做一个废人，也许还会死掉，我简直吓坏了。为什么我会碰到这样的事情呢？我做错了什么？我又哭又叫，心里充满了怨恨和反抗。可我还是遵照医生的话躺在床上。我的一个邻居鲁道夫先生，是个艺术家。他对我说：'你现在觉得要在床上躺一年是一大悲剧，可是事实上不会的。你可以有时间思想，能够真正地认识你自己。在以后的几个月里，你在思想上的成长，会比你这大半辈子以来多得多。'我平静了下来，开始想充实新的价值观念。我看过很多能启发人思想的书。有一天，我听到一个无线电新闻评论员说：'你只能谈你知道的事情。'这一类的话我以前不知道听过多少次，可是现在它才真正深入到我的心里。我决心只想那些我希望能赖以生活的思想——快乐而健康的思想。每天早上一起来，我就强迫自己想一些我应该感激的事情：我没有痛苦，有一个很可爱的女儿，我的眼睛看得见，耳朵听得到，收音机里播放着优美的音乐，有时间看书，吃得很好，有很好的朋友，我非常高兴，而且来看我的人很多。

"从那时候开始到现在已经有九年了，我现在过着很丰富又很生动的生活。我非常感激躺在床上度过的那一年，那是我在亚利桑那州所度过的最有价值、也最快乐的一年。我现在还保持着当年养成的那种习惯：每天早上算算自己有多少得意的事，这是我最珍贵的财产。"

你也可以每天早上算算自己有多少得意的事。对自己所拥有的感到满足，不为缺少的而忧虑，这样就容易使自己快乐起来。

在对待金钱和地位上，也是同样的道理。如果人人都和洛克菲勒比较，我们的社会一定比现在更动荡不安，许多人也会终生不满，生活在痛苦的深渊中。

这些不知足者的原因在于心理不平衡。他们通常小时候没有得到足够的爱，又深受贫穷之苦。他们专心一意追求金钱和往上爬，以填补"情绪的缺口"，可是再多的汽车、衣服或现金，也填补不了心灵的无底洞。另一个造成这种心理不平衡的原因是：价值观扭曲。有些人从小被谆谆教诲：有钱是老大，没钱靠边站；唯有钱是力量。在经典之作《什么让山米跑》一文中，山米是一个典型的美国穷人，他对钱永不知足，因为他一向被灌输的人生目标就是赚大钱。在力争上游的过程中，他感到生命空虚，觉得自己的一生就像一部在真实世界里不断上演的通俗剧。

每个社会阶层都有他们本身的期望层次。举例来说，隶属那70%满意型金钱风格的人，住在一间价值8万美元的房子里，就觉得很快乐。而如果是不满足型金钱风格的人，他的期望层次就会不断升高：可以负担得起15万美元的房子时，眼睛已经看到20万美元的了；拥有20万美元的房子时，30万美元的房子又已成为"必需品"。任何经济阶层中，期望层次不断上升都是刺伤不满意者的利刃，而固定和符合身份的期望层次，则是满意型金钱风格者常保快乐的护身符。

有人为了调查而去拜访了居住在洛杉矶有名的"坏区"瓦兹(洛杉矶黑人暴动中心之一)的居民。他们共22位，全是黑人，贫穷、社会地位低下。谈话中，调查人故意煽火，引他们谈社会阶级问题。调查人问："似乎你们对自己的经济状况相当满意。你们对附近比佛利山庄里面那些要什么有什么的有钱人，不觉得气愤吗？"

22个瓦兹居民大多表现得没什么怒火。他们满意自身状况，几乎从来没有去想过那些拥有高社会地位的邻市居民，那是另一个世界，而他们只关心自己所属的世界。说到有没有钱的时候，提到的是邻家的"弟兄们和姊妹们"。统计他们的金钱风格，七成满意，分散在知足常乐型、量力而为型和冷静挣钱型。

虽然贫富不均，但生活在属于自己的圈子里，穷人还是愉快地接受了，因为他们不攀比。

面对生活，我们要有接纳之心，对拥有的一切感到满足，用积极的态度面对人生，这样才能获得宁静与平和。

2. 失去的已经失去，莫再耿耿于怀

生活中，我们难免失去，如果失去一些东西之后，我们再失去快乐的心情，岂不是失去更多了？

一个人坐在轮船的甲板上看报纸，突然一阵大风把他新买的帽子刮落大海中，只见他用手摸了一下头，看看飘落海中的帽子，又继续看起报纸来。另一个人大惑不解："先生，你的帽子被刮入大海了！""知道了，谢谢！"他仍继续看报。"可那帽子值几十美元呢！""是的，我正在考虑怎样省钱再买一顶呢！帽子丢了，我很心疼，可它还能回来吗？"说完他又继续看起报纸来。

有一位七十多岁的日本老先生，拿了一幅祖传古画上电视节目，要求宝物鉴定团的专家做鉴定。据老先生去世的父亲生前说，这幅画是名家所作，价值数百万。老先生自己不懂，因而想请专家加以鉴定。结果揭晓，专家认为它是赝品，连一万日元都不值，全场唏嘘……主持人问老先生："您一定很难过吧？"来自乡下的老先生脸上的线条变得无比柔和，微笑着说："啊，这样也好，不会有人来偷，我可以安心地把它挂在客厅里了。"是啊，失去有时反而让我们得到了轻松！

的确，失去的已经失去，何必为之大惊小怪或耿耿于怀呢？

小李的钱包被盗了，不光是钱不见了，里面还有他的身份证，这让他愁眉不展。要知道他的户口在邢台，而他在北京打工，办身份证还要来回跑，挺麻烦的，以致这几天他心情都不好。

不过，这样的心情没有持续很久，一位朋友的话让他顿悟，他的心情也随之好转。朋友对他说："钱包已经不见了，你再怎么想，它也不可能重新出现在你的面前。钱丢了事小，如果好心情没了，影响你的情绪，让你忧伤、让你不安，这会影响你的食欲、影响你的健康，就太不值得了。身份证办起来是很麻烦，却让你多回家几次，增加了与家人的沟通，这也是一件挺好的事情呀！"朋友的话让他反思了很久，如果换一个角度来思考问题，生活中又有什么能让我们感到烦恼的事情呢？

世事难以预料，倒霉和不幸的事谁也不想发生，但如果发生了，我们应怎样去面对呢？生活的挫折和磨难来临时，我们应以乐观、豁达、健康的平常心面对，这样生活会美好得多。

许多人都有过丢失某种重要或心爱之物的经历：比如不小心丢失了刚发的工资，最喜爱的自行车被盗了，相处了好几年的恋人拂袖而去了等等，这些大都会在我们的心理上投下阴影，甚至让我们备受折磨。究其原因，就是我们没有调整心态去面对失去，没有从心底承认失去，只沉湎于已不存在的东西，而没有想到去创造新的东西。人们安慰丢东西的人时常会说："旧的不去新的不来。"事实正是如此，与其为失去的自行车懊悔，不如考虑怎样才能再买一辆新的；与其为恋人向你"拜拜"而痛不欲生，不如振作起来，重新开始，去赢得新的爱情。

人生总是在不断地失去和拥有。拥有快乐，失去烦恼；捡到幸福，丢掉悲伤。所以，莫再苦恼于失去，积极投入到下一段人生之旅，也许有更大的收获等着你。

3. 我们不可以改变事实，却可以改变态度

当自己已经尽力，可因为个人无法控制的所谓"天命"而使事情变糟时，恐慌、着急、悔恨都无济于事，何不像孔子那样坦然面对——清除看似天经地义的坏心情，营造自己的轻松心态，因为人生中的机遇不会仅此一次。

我们不能改变既成事实，但可以改变面对事实，尤其是坏事的态度。

有些年轻人仅仅因为打翻了一杯牛奶或轮胎漏气就神情沮丧，失去控制，这不值得，甚至有些愚蠢，但这种事不是天天在我们身边发生吗？这里有一个美国旅行者在苏格兰北部过节的故事。这个人问一位坐在墙上的老人："明天天气怎么样？"老人看也没看天空就回答说："是我喜欢的天气。"旅行者又问："会出太阳吗？""我不知道。"老人回答道。"那么，会下雨吗？""我不想知道。"这时旅行者已经完全被搞糊涂了。"好吧，"旅行者说，"如果是你喜欢的那种天气的话，那会是什么天气呢？"老人看着美国人，说："很久以前我就知道了我没法控制天气，所以不管天气怎样，我都会喜欢。"

由此可见，别为你无法控制的事情烦恼，你有能力决定自己对事情的

态度。如果你不控制自己的情绪，情绪就会控制你。

所以别把牛奶洒了当生死大事来对待，也别为一只瘪了的轮胎苦恼万分，既然已经发生了，就当它们是你的挫折。但它们只是小挫折，每个人都会遇到，你对待它们的态度才是重要的。不管此时你想取得什么样的成绩，不管是创建公司还是为好友准备一顿简单的晚餐，事情都有可能会弄砸了。或许你会把面包放错位置，或许你会你失去一次升职的机会，预先把它们考虑在内吧，否则的话，它们会毁了你取胜的信心。

当你遭遇了挫折，就当是付了一次学费好了。

1985年，17岁的鲍里斯·贝克作为非种子选手赢得了温布尔登网球公开赛冠军，震惊了世界。一年以后他卷土重来，成功卫冕。又过了一年，在一场室外比赛中，19岁的他在第二轮输给了名不见经传的对手，被杀出局。在后来的新闻发布会上，人们问他有何感受，他以在他那个年龄少有的机智答道："你们看，没人死去——我只不过输了一场网球赛而已。"

他的看法是正确的：这只不过是场比赛。当然，这是温布尔登网球公开赛；当然，奖金很丰厚。但这并不是生死攸关的事。

如果你发生了不幸的事——爱情受阻，或生意不好，或者是银行突然要你还贷款——你就能够——如果你愿意的话，用这个经验来应付它们。你可以把它们记在心里，就好像带着一件没用的行李。但如果你真要保留这些不快的回忆，记住它们带给你的痛苦，并让它们影响你的自我意识的话，你就会阻碍自己的发展。选择权在你手里：只把坏事当成经验教训，把它们抛在脑后吧。换句话说，丢掉让自己情绪变坏的包袱。

一个人行事的成功与否，除了受思想、意志所支配外，还有一个不可忽视的力量——天命。

曾经说过"五十而知天命"这句话的孔子，周游列国到"匡"这个地方时，有人误认他是鲁国的权臣阳虎而把他围困起来，想害他。那时孔子的学生都非常恐慌，倒是孔子泰然地安慰他们说："我继承了古代圣贤的大道，传播给世人，这是遵奉上天的旨意，假使上天无意毁灭它，那么匡人对我也就无可奈何了，你们大家不必为这事担心。"后来匡人终于弄清楚孔子不是阳虎，而使孔子度过了危难。

所以，当自己已经尽力，可因为个人无法控制的所谓"天命"而使事情变糟时，恐慌、着急、悔恨都无济于事，何不像孔子那样坦然面对——清除看似天经地义的坏心情，营造自己的轻松心态，因为人生中的机遇不会仅此一次。

4. 对一个聪明人来说，太阳每天都是新的

如果我们的思维总是围着那些不如意的事情转动的话，也就相当于往下看，那样终究会摔下去的。因此，我们应尽量做到脑海想的、眼睛看的以及口中说的都应该是光明的、乐观的、积极的，相信每天的太阳都是新的，明天又是新的一天，发扬往上看的精神才能在我们的事业中获得成功。

"After all, tomorrow is another day"，相信每一个读过美国作家玛格丽特·米切尔的《飘》的人，都会记得主人公郝思嘉在小说中多次说过的话。在面临生活困境与各种难题的时候，她都会用这句话来安慰和解脱自己，"无论如何，明天又是新的一天"，并从中获取巨大的力量。

和小说中郝思嘉颠沛流离的命运一样，我们一生中也会遇到各种各样的困难和挫折。面对这些一时难以解决的问题，逃避和消沉是无济于事的，唯有以阳光的心态去面对，才有可能最终解决。阳光的人每天都拥有一个全新的太阳，积极向上，并能从生活中不断汲取前进的动力。

"不论担子有多重，每个人都能支持到夜晚的来临，"寓言家

罗伯特·史蒂文生写道，"不论工作有多苦，每个人都能做他那一天的工作，每一个人都能很甜美、很有耐心、很可爱、很纯洁地活到太阳下山，而这就是生命的真谛。"不错，生命对我们所要求的也就是这些。可是住在密歇根州沙支那城的薛尔德太太，在学到"要生活到上床为止"这一点之前，却感到极度的颓丧，甚至于想自杀。

1957年，薛尔德太太的丈夫死了，她觉得非常颓丧，而且她几乎一文不名。她写信给她以前的老板李奥罗区先生，请他让她回去做她以前的老工作。她以前靠推销《世界百科全书》过活。两年前她丈夫生病的时候，她把汽车卖了。于是她勉强凑足钱，分期付款才买了一部旧车，又开始出去卖书。她原想，再回去做事或许可以帮她解脱她的颓丧。可是要一个人驾车，一个人吃饭，几乎令她无法忍受。有些区域根本就做不出什么成绩来，虽然分期付款买车的数目不大，却很难付清。

1958年的春天，她在密苏里州的维沙里市，见那儿的学校都很穷，路很坏，很难找到客户。她一个人又孤独又沮丧，有一次甚至想要自杀。她觉得成功是不可能的，活着也没有什么希望。每天早上她都很怕起床面对生活。她什么都怕，怕付不出分期付款的车钱，怕付不出房租，怕没有足够的东西吃，怕她的健康情形变坏而没有钱看医生。让她没有自杀的唯一理由是，她担心她的姐姐会因此而觉得很难过，而且她姐姐也没有足够的钱来支付她的丧葬费用。

然而有一天，她读到一篇文章，使她从消沉中振作了起来，使她有勇气继续活下去。她永远感激那篇文章里的一句很令人振奋的话："对一个聪明人来说，太阳每天都是新的。"她用打字机把这句话打下来，贴在她车子前面的挡风玻璃上，这样，在她开车的时候，每一分钟都能看见这句话。她发现每次只活一天并不困难，她学着忘记过去，每天早上都对自己说："今天又是一个新的生命。"

她成功地克服了对孤寂的恐惧和对需要的恐惧。她现在很快活，也还算成功，并对生命抱着热忱和爱。她现在知道，不论在生活中碰到什么事情，都不要害怕；她现在知道，不必害怕未来；她现在知道，每次只要活一天——而"对一个聪明人来说，太阳每天都是新的"。

在日常生活中可能会碰到极令人兴奋的事情，也同样会碰到令人消极的、悲观的坏事，这本来应属正常。如果我们的思维总是围着那些不如意的事情转动的话，也就相当于往下看，那样终究会摔下去的。因此，我们应尽量做到脑海想的、眼睛看的以及口中说的都应该是光明的、乐观的、积极的，相信每天的太阳都是新的，明天又是新的一天，发扬往上看的精神才能在我们的事业中获得成功。

古希腊诗人荷马曾说过："过去的事已经过去，过去的事无法挽回。"泰戈尔在《飞鸟集》中也写道："只管走过去，不要逗留着去采了花朵来保存，因为一路上，花朵会继续开放的。"的确，昨日的阳光再美或者风雨再大，也移不到今日的画册中。我们又为什么不好好把握现在，充满希望地面对未来呢？

5. 你可以失业，但不可以堕落

社会是一个很大的空间，它给予我们的不是一个小小的位置，而是一片广阔的天空。如果你因为失去了太阳而哭泣，那么你还会失去月亮和满天的星星。

在职场生涯中，失业恐怕是再大不过的噩耗了，对于很多人而言，工作如同婚姻一样，秉承一生就一次的原则，所以当事业上亮起红灯的时候，他或许会突然之间接受不了这样的打击，甚至觉得自己对于社会已经没有价值，便有了轻生的想法。这些想法听起来或许很可笑，事实上，很多人确实存在这样的现象。那么，面对这样的问题，到底该怎么办呢？

首先，确定失业的原因，才能有的放矢，解决问题。失业这个现象，整体上而言，是一个社会问题，而这个社会问题与失业者的个人素质也息息相关。失业是市场经济竞争体制下不可避免的一个现象。能者居之，优胜劣汰。当你失业了，不要无意义地去哭泣或者酗酒，要冷静下来想一想，为什么失业的是自己？为什么同事某某没有遭受这样的悲剧？答案或许很容易就得出来：因为对方比自己适应这个竞争过程，对方的优点保住了他的工作，而自己恰恰缺少这样的技能，了解到这一点，或许就是你人生的转折点，因为这次失业，让你明白了一些道理。

事实上，失业并不可怕，可怕的是失业之后你对自己的恐惧，害怕自己无所事事，终成废人。失业就等于把人生枪毙吗？当然不是，正确地看待失业，重整旗鼓，从头再来，迎接你的或许就是辉煌。

失业的人心情肯定会受到影响，悲伤几天是可以的，但是不可以从此悲观。失业以后最重要的是情绪的调节，利用失业以后的空闲，可以给自己放一次较长的假，你可以利用它去完成你旅游的夙愿，利用它去拜访一些故友，利用它去完成一次技能培训等等，好好地给身体和心灵做个温泉SPA，或者给头脑做一次充电储备。或许你应该感谢这次失业，它给了你时间恢复一下体能，健康对于谁都是重要的，人生短短几十年，我们没有任何理由因为所谓的工作而毁掉我们的身体。健康的生命才是最重要的，对吗？

因为失业，我们才能鼓起拼搏的勇气，拥有了从头再来的机会。平日的忙碌，或许蒙蔽了我们的双眼，我们总在赶路，却忘记了停下来问问自己：我在做什么？这份工作真的适合我吗？因为这份从事若干年的工作，我们或许已经产生了惯性，所以我们忘记了自己的优点，忘记了自己的爱好，也因此错过了很多更值得我们去追求、更适应我们的工作。天涯何处无芳草，何必单恋一枝花？我们默守着曾经的工作，忘记了我们的身外还有更美丽的花园。失去一份工作并不是失去整个人生。失业给了我们思考的空间和时间，我们应该冷静下来思考自己、分析自己：我是谁，我适合做什么，我的优点是什么，我的缺点是什么，我需要哪些技能而现在却没有具备。思考是重要的，没有思考而盲目地去寻找新工作将再次出现失业的现象。

从失业的经历中我们应该吸取到教训，应该变得更勇敢、更理智、更了解自己。敢闯敢拼、勇于从头再来是失业以后最正确的选择。社会是一个很大的空间，它给予我们的不是一个小小的位置，而是一片广阔的天空。如果你因为失去了太阳而哭泣，那么你还会失去月亮和满天的星星。要肯定自己的价值，相信自己的能力，同时给自己拼搏的勇气。因为失业，我们有了更大的发展空间，我们或许是那只离开了鸡窝方能展翅飞翔的老鹰。

失业是痛苦的。对于工作，或许我们也付出过努力，投入过感情，可是这并不代表我们就将一生拴在了它上面。记住，我们是工作的主人，绝对不是它的奴隶。失去一份工作或许有更美好的机会在前方等待。失业不过是人生旅途中再微小不过的一个挫折，你要是被它打败，那么你的生命之路就不能前行。失业之后关键是要及时整理心情，做好充分的接受挑战的准备。外面的世界依然那么精彩，依然充满了挑战和机遇，失业后的你做好了从头再来的准备吗？

6. 可怕的不是失恋，是失去自己的人生

作为一个坚强的人，即使被抛弃，即使眼中还有泪水，依然要笑对生活。要相信自己，他（她）离开了你，只是因为你们不合适而已，并不代表你不优秀。

爱情，自古就是一个被反复谈及的话题，也是人类文明的一个重要领域。无数伟大的艺术作品都来自于对伟大爱情的憧憬。与爱情直接相关的便是婚姻、家庭和谐，婚姻幸福也是一个人成功的重要体现。和谐的家庭生活为事业成功提供了有力的支持，看那些成功人士的探索路程，他们的背后大多有一个默默无闻地支持他们的伴侣，才走到今天的辉煌。所以，选择一个合适的伴侣对于人生可谓意义重大。

对于爱情的选择表面上看是与一个人有关，但是实际上却是双方共同协调才能顺利走下去。"爱你但与你无关"的论调也不过是存在于网络语言中，在现实生活中一击即碎。爱情需要双方的共同认可，否则只能以失败告终。由于爱情的问题涉及双方，我们就不得不考虑一个重要的问题——失恋，这是一个很常见的人生经历，但同时又不得忽视。

失恋大多指陷入爱情中的两个人，由于某些原因，其中一人不再愿意

与对方持续相处下去而将其抛弃的现象。不得不承认，失恋对于双方而言都是痛苦的，即使是对于提出分手的那个人而言，也是不好受的。任何一段感情的初衷都不是为了将来的决裂，所以最终走不到一起或许有很多客观因素在主导着。而很多悲观的人总因为一段恋情的失败而给自己的整个人生都画上了叉号，甚至出现殉情或者犯罪的倾向，这些都是极端愚蠢的做法。一个人的存在价值或者意义，不应该完全通过另一个人的感情肯定而被肯定。爱情确实是人类生活中一个很重要的部分，但绝对不是最重要的部分。你可以没有爱情而简单地生活一辈子，但是你不能没有吃穿住行而生活一辈子。生活的本质无非是吃穿住行，爱情不过是这些基本物质上的精神享受，有了它，或许你的生活更加多彩，但是爱情不可强求，实在没有爱情这种佐料，生活依然可以过得有滋有味。

不可否认，失恋确实带给人很大的痛苦和烦恼，那种挫败感也许如同强力炸弹般让你短时间内承受不住。落花有意，流水无情，短期的痛苦和悲伤是可以理解的，但是如果一直沉湎于这种痛苦而无法自拔，那么就是非常不明智的了。天涯何处无芳草，既然感情不能勉强，何必不想开一点，给自己多一点空间，也给自己另外一个幸福的机会。死抓住一根救命稻草不放，或许反而因此丢失了性命。

失恋是很多人都有过的经历，乐观者和悲观者处理的方式却截然不同。对于那些乐观的人而言，他们也曾痛苦，也曾悲伤，不过他们不会让这种情绪影响到他们生活的其他领域。虽然他（她）已离去，可生活依然在继续，不是吗？如果因为丢失爱情，把工作也丢掉，人生也丢掉，自我也丢掉，那岂不是很愚蠢的做法吗？作为一个坚强的人，即使被抛弃，即使眼中还有泪水，依然要笑对生活。要相信自己，他（她）离开了你，只是因为你们不合适而已，并不代表你不优秀。他（她）的离开，是你的身边少了一个不爱你的人，而他（她）的身边少了一个爱他（她）的人，这绝对是他（她）的损失。

然而，总有部分思想极端的人，面对失恋的状况，无法把握自己的人生，或者性情大变，暴躁无比，不但影响了工作，也影响了和家人的相处；又或者暴饮暴食，自暴自弃，觉得自己的人生失去了意义，有了轻生的想法；更甚者以死相逼，或者产生报复心理，最终导致两败俱伤。想想看，因为一个不爱自己的人而葬送了自己的人生，这是一种多么愚蠢的做法。

为失恋而痛苦不堪的人必须学会自我调整、自我拯救。虽然爱情不在了，可是还有亲情和友情的常伴；虽然这段爱情失败，但是离开一棵树，你获得的则是整片森林；虽然他（她）选择了离开你，可是你的意义、价值依然可以从工作、生活等很多方面去体现，你可以活得更好，不是为了做给那个离开你的人看，而是因为这是"你"的人生。

做一个坚强的、认真对待生活的人。这种潇洒并不代表你寡情，也不代表着你没有付出感情，而是一种成熟的人生态度。流水本无意，何必强留着？既然已经失去，为何不做一个潇洒的人，相信总有那么一个人，愿意为你停留。

7. 人在屋檐下，一定要低头

> "一定要低头"的目的是让自己与现实环境保持一种主动、和谐的关系，将二者的摩擦和冲突降至最低点，也是为了保存自己的能量，以便走更长远的路，更是为了把不利的环境转化成对你有利的力量，这是处世的一种柔软、一种权变，更是一种生存的智慧。

中国有句俗话："人在屋檐下，不得不低头。"老祖先的话道出了世间人情，颇具智慧。战国时期的越王勾践就是这一智慧的最佳践行者。

春秋后期，诸侯争霸的重点转移到了长江流域下游和浙江流域。吴王阖闾打败楚国，成了南方霸主。吴国跟附近的越国素来不和。公元前496年，越国国王勾践即位。吴王趁越国刚刚遭到丧事，就发兵打越国。吴越两国在檇李，发生一场大战。

吴王阖闾满以为可以打赢，没想到打了个败仗，自己又中箭受了重伤，再加上上了年纪，回到吴国就咽了气。

吴王阖闾死后，儿子夫差即位。阖闾临死时对夫差说："不要忘记报越国的仇。"

夫差记住这个嘱托，叫人经常提醒他。他经过宫门，手下的人就扯开了嗓子喊："夫差！你忘了越王杀你父亲的仇吗？"

夫差流着眼泪说："不，不敢忘。"

他叫伍子胥和另一个大臣伯嚭操练兵马，准备攻打越国。

过了两年，吴王夫差亲自率领大军去打越国。越国有两个很能干的大夫，一个叫文种，一个叫范蠡。范蠡对勾践说："吴国练兵快三年了。这回决心报仇，来势凶猛。咱们不如守住城，不要跟他们作战。"

勾践不同意，也发大军去跟吴国人拼个死活。两国的军队在大湖一带打上了，越军果然大败。

越国主力损失殆尽，最后收拾残兵退保会稽，也被吴军团团围住。勾践喟然长叹："吾将终于此乎？"大夫文种马上加以劝解："过去，商汤囚于夏台，文王系于里，晋公子重耳奔狄，齐公子小白奔莒，最终都成就了霸业，由这些事情看来，现在的困境又何尝不是福呢？"于是勾践采纳了文种的建议，挑选美女八名，并携带金银珠宝，通过吴国太宰伯嚭，达成和议。

当时吴国有主战和主和两派，相国伍子胥力倡乘胜追击，一举吞并越国。太宰伯嚭则认为与其玉石俱焚，不如以条约来取得越国的利益。争论的结果，终于采取了伯嚭的建议，签订了条件苛刻的条约，从而也使得越国获得了一线生机。

按照和约的规定，勾践在处理完一切善后事宜后，便得入臣吴国。日期一天天迫近，勾践忧形于色，大夫范蠡劝道："臣闻没有经过孤独生活的人，志向不远大，没有经过大悲大痛的人，考虑问题总不周全。古代圣贤，都曾遇困厄之境，怎么会独独只有您呢？"勾践叹道："主要是为了去越入吴的人事安排，一下子还难作妥当的决定！"这时大夫文种上前说道："四境之内，百姓之事，范蠡不如我；与君周旋，临机应变，我不如范蠡。"范蠡立即附和："文种自处已审，主公以国事委托给他，可使耕战足备；至于辅危主，忍垢辱，臣不敢辞。"

一切准备妥当，勾践便与夫人及范蠡启程入吴，群臣在固陵江畔摆酒饯别，君臣相对凄然泪下，黯然挥手而别，很有些"风萧萧兮易水寒，壮士一去兮不复还"的气氛。

既入吴国，勾践等人行大礼谒见夫差，夫差盛气凌人地说："寡人假如念先王的仇，你今天断无生理！"勾践赶紧叩首回答："惟大王怜之！"

勾践夫妇穿着仆人的衣服，守过阖闾的墓，还当过马夫与门卫，夫差每次乘车外出，勾践总是牵着马步行在车前，范蠡也始终朝夕相随，寸步不离。

一天，夫差召勾践入见，勾践跪伏在前，范蠡肃立在后。夫差对范蠡说："今勾践无道，你能弃越归吴，必当重用。"范蠡答道："臣闻亡国之臣，不敢语政。臣在越不能辅佐越王为善，致得罪大王，幸不加诛，已经感到很满足了，怎么还敢奢望富贵呢？"第二天，吴王夫差在高台上眺望，看到勾践和夫人端坐在马厩旁，范蠡垂手立在身后，虽然蓬首垢面操持贱役，而不失君臣夫妇之礼，心中十分感动，也大起怜惜之念。

虽然夫差大起怜惜之念，然而仍不曾有恢复勾践自由的迹象。机会是人找的，识时务者为俊杰。一日夫差病倒了，而且病得很重，感染寒疾三个月未愈。这时勾践前来求见，毛遂自荐道："臣在东海，曾习医理，观人粪便，可知病情。"说完取过夫差的粪便就尝，喜道："大王的病已大为减轻，七天后就会好转！"到期果然痊愈。吴王夫差大为不忍，于是摆下酒宴招待勾践，不断称赞勾践是仁者。伍子胥在旁看了大不以为然，警告夫差："勾践下尝大王之粪，他日一定上食大王之心，大王如果不觉察警惕，一定会被他打败的。"夫差哪里听得进去，认为勾践已经没有敌意，不久就将勾践亲自送出城，赦他回国。

勾践回国以后，以文种治理国政，以范蠡整顿军旅，为了牢记战败的耻辱，将国都迁到会稽，筑城立廓，作为复兴堡垒。一面奖励农桑，厚植经济基础；一面整军经武，加强雪耻复仇力量，没有一时一刻忘却在吴国所受的耻辱。为了报仇雪恨，勾践苦身劳役，夜以继日，如果想睡了就用一种小草扎自己的眼睛，如果觉得脚冷就把水泼在上面。冬常抱冰，夏还握火，平日食不加肉，衣不重彩。除了自己亲自耕作外，夫人也自织。勾践常常在半夜偷偷哭泣，哭完后就仰天长啸，著名的"卧薪尝胆"的故事就出在他的身上。此外，勾践还礼遇贤人，奖励生育。他吸取教训，如火如荼的复国行动在全国各地蓬蓬勃勃地进行。

越国的雪耻计划在七年后已经卓有成效，但是表面上仍然低声下气地讨好吴国，除了春秋两季照例进贡以外，大批的建材源源不断地从越地运往姑苏，协助吴国建造华丽的宫殿，并呈献美女珠宝，使吴王夫差在声色犬马中自溺其志。

当吴王夫差在黄池与晋定公争做盟主时，越王勾践兵分两路攻吴。三年中几经恶战，吴国被击败，夫差自杀，吴国灭亡了。勾践率军"北渡江淮，与齐、晋诸侯会于徐州"。周元王封勾践为伯。"越兵横行于江淮东，诸侯毕贺，号称霸王"，越王勾践终于成为春秋时期的最后一任霸主。

越王勾践低身侍吴，忍辱负重，报仇复国的故事可谓尽人皆知。勾践之所以能够取得成功，事实上也是得益于老祖先的生存哲学——"人在屋檐下，不得不低头。"

但在现代人际交往中，我们有必要对此话更好地领会与运用。

"不得不"充满了一种无奈、勉强、不情愿，这种"低头"太痛苦了，因此我们有必要将此话改为"人在屋檐下，一定要低头"！

当然，我们这里并不是在玩文字游戏，而是有其中的一些道理。

所谓的"屋檐"，并非实指，说得明白些，就是指别人的势力范围。换句话说，只要你身处这种势力范围之中，并且得靠这种势力生存，那么你就在别人的屋檐之下了。这屋檐有的很高，任何人都可抬头挺立，但现实中的这种屋檐不多！大部分人的屋檐都是低的！也就是说，进入别人的势力范围时，你会受到很多有意无意的排斥和压制，以及不知从何而来的欺压。难免会出现这种情形，除非你能顶天立地，拥有自己的一片天空，或者是个强人，不用靠别人来过日子。可是谁能保证一辈子都可以如此自由自在，不用在别人的屋檐下避风躲雨呢？所以，当你在别人屋檐之下时，就有必要对自己的心态进行一下调整了。

只要是在别人的屋檐下，就一定要低头，不用别人来提醒，也不要自己头撞屋檐才去低头！这是一种主动的态度，是一种主动与现实握手言和的精神，没有丝毫勉强。

而且这样做有几个好处：

因为你主动自然地低下了头，而不至于成为显著的目标。

不会因为沉不住气而想把屋檐拆了。要知道，不管拆得掉拆不掉，你总是要受伤的。

不会因为脖子太酸，忍受不了而离开屋檐下。离开不是不可以，但去往何处？这是必须考虑的。而且一旦离去再想回来，那是不容易的。

在屋檐下待久了，甚至有可能成为屋内之人。

总而言之，"一定要低头"的目的是让自己与现实环境保持一种主动、和谐的关系，将二者的摩擦和冲突降至最低点，也是为了保存自己的能量，以便走更长远的路，更是为了把不利的环境转化成对你有利的力量，这是处世的一种柔软、一种权变，更是一种生存的智慧。

在别人的屋檐下，这是人生必经的过程，而且会以各种不同的方式出现，当你看到了屋檐，或者已经来到"屋檐"之下时，请不要"不得不低头"，而要告诉自己：该低头时就低头！

第四章

放宽胸怀

青春可以不纠结

青春的沉重感主要来源于责任、期盼和压力。放宽胸怀是让生活宁静、生命祥和的一种需要和方式。生活给予了我们很多东西，包括好的和不好的。生活在社会中的我们必须要有所包容，要承受得住我们必经的一切，这样人生自会有一份难得的优雅与从容。

1. 不要纠缠于非原则的小事

如果我们明确了哪些事情可以不认真，可以敷衍了事，我们就能腾出时间和精力，全力以赴认真地去做该做的事，我们成功的机会和希望就会大大增加；与此同时，由于我们变得宽宏大量，人们就会乐于同我们交往，我们的朋友就会越来越多。

做人固然不能玩世不恭、游戏人生，但也不能太较真、认死理。太认真了，就会对什么都看不惯，连一个朋友都容不下，把自己同社会隔绝开。镜子很平，但在高倍放大镜下，就成了凹凸不平的山峦；肉眼看很干净的东西，拿到显微镜下，满目都是细菌。试想，如果我们"戴"着放大镜、显微镜生活，恐怕连饭都不敢吃了；如果用放大镜去看别人的缺点，恐怕那家伙就罪不容诛、无可救药了。

人非圣贤，孰能无过。与人相处就要互相谅解，经常以"难得糊涂"自勉，求大同存小异，有肚量，能容人，你就会有许多朋友，且左右逢源，诸事遂愿；相反，"明察秋毫"，眼里不揉半粒沙子，过分挑剔，什么鸡毛蒜皮的小事都要论个是非曲直，容不得人，人家也会躲你远远的，最后你只能关起门来"称孤道寡"，成为使人避之唯恐不及的异己之徒。

古今中外，凡是能成大事的人都具有一种优秀的品质，就是能容人所不能容，忍人所不能忍，善于求大同存小异，团结大多数人。他们胸怀豁达而不拘小节，大处着眼而不会鼠目寸光，并且从不斤斤计较，纠缠于非原则的琐事，所以他们才能成大事、立大业，使自己成为不平凡的伟人。

但是，如果要一个人真正做到不较真、能容人，也不是简单的事，首先他需要有良好的修养、善解人意的思维方法，并且需要从对方的角度设身处地地考虑和处理问题，多一些体谅和理解，就会多一些和谐、多一些友谊。比如，有些人一旦做了官，便容不得下属的缺点，动辄捶胸顿足、横眉竖目，使属下畏之如虎，时间久了，必积怨成仇。想一想天下的事并不是你一人所能包揽的，何必因一点点毛病便与人生气呢？可如若调换一下位置，挨训的人也许就理解了上司的急躁情绪。

有位同事总抱怨他们家附近副食店卖酱油的售货员态度不好，像谁欠了她二百块钱似的，后来同事的妻子打听到了女售货员的遭遇：丈夫有外遇离了婚，老母瘫痪在床，上小学的女儿患哮喘病，她每月只能开二三百元工资，住一间12平方米的平房。难怪她一天到晚愁眉不展。这位同事从此再不计较她的态度了，甚至还想帮她一把，为她做些力所能及的事。

在公共场所遇到不顺心的事，实在不值得生气。素不相识的人冒犯你肯定是有原因的，只要不是侮辱了人格，我们就应宽大为怀，不以为意，或以柔克刚，晓之以理。总之，不能和这位与你原本无仇无怨的人瞪着眼睛较劲。假如较起真来，大动肝火，刀对刀、枪对枪地干起来，酿出个什么后果，那就犯不上了。假如对方很粗鲁，一较真就等于把自己降低到对方的水平，岂不很没面子。另外，对方的冒犯从某种程度上是发泄和转嫁痛苦，虽说我们没有分摊他痛苦的义务，但客观上确实帮助了他，无形之中做了件善事。这样一想，也就容忍放过他了。

清官难断家务事，在家里更不要较真，否则更是愚不可及。家庭成员之间哪有什么原则、立场的大是大非问题，都是一家人，非要用"阶级斗争"的眼光看问题，分出个对和错来，又有什么用呢？人们在单位、在社会上充当着各种各样的角色，如恪尽职守的国家公务员、精明体面的商人或是企业职工，但一回到家里，脱去西装革履，也就是脱掉了你所扮演的这一角色的"行头"，即社会对这一角色的规矩和种种要求、束缚，还原了你的本来面目，使你尽可能地享受天伦之乐。假若你在家里还跟在社会上一样认真、一样循规蹈矩，每说一句话、做一件事还要考虑对错、妥否，顾忌影响、后果，掂量再三，那不仅可笑，并且也太累了。在这方面，头脑一定要清楚，在家里你就是丈夫、就是妻子。所以，处理家庭琐事要采取"绥靖"政策，安抚为主，大事化小，小事化了，和稀泥，当个笑口常开的和事佬。

具体说来，作为丈夫，要宽厚，在财、物方面睁一只眼、闭一只眼，越马马虎虎越得人心，妻子给娘家偏点心眼，是人之常情，你根本就别往心里去计较，那才能显出男子汉宽宏大量的风度。作为妻子，对丈夫的懒惰等种种难以容忍的缺点，也应采取宽容的态度，切忌唠叨起来没完，嫌他这、嫌他那，也不要偶尔丈夫回来晚了或有女士来电话，就给他脸色看，鼻子不是鼻子脸不是脸地审个没完。看得越紧，逆反心理越强。索性不管，让他潇洒去，看他有多大本事，外面的情感世界也自会给他教训。只要你是个自信心强、有性格、有魅力的女人，丈夫再花心也不会与你隔断心肠。就怕你对丈夫太"认真"了，让他感到是戴着枷锁过日子，进而对你产生厌倦，那才真正会发生危机。家是避风的港湾，应该是温馨和谐的，千万别把它演变成充满火药味的战场，狼烟四起，鸡飞狗跳，关键就看你怎么去把握了。

有位智者说，大街上有人骂他，他连头都不回，他根本不想知道骂他的人是谁。因为人生如此短暂和宝贵，要做的事情太多，何必为这种令人不愉快的事情浪费时间呢？这位先生的确修炼得颇有涵养了，知道该干什么和不该干什么，知道什么事情应该认真，什么事情可以不屑一顾。要真正做到这一点是很不容易的，需要经过长期的磨炼。如果我们明确了哪些事情可以不认真，可以敷衍了事，我们就能腾出时间和精力，全力以赴认真地去做该做的事，我们成功的机会和希望就会大大增加；与此同时，由于我们变得宽宏大量，人们就会乐于同我们交往，我们的朋友就会越来越多。事业的成功伴随着社交的成功，应该是人生的一大幸事。

第四章 放宽胸怀，青春可以不纠结

2. 不在意乃是不争之争，无为之为

> 不在意，最终体现的是一种修养，一种高贵的人格，一种人生大智慧。那些凡事都与人计较、锱铢必争的人，自以为很聪明，其实是以小聪明干大蠢事，占小便宜惹大烦恼；而不在意乃是不争，无为之为，大智若愚，其乐无穷！

对于每个人来说，烦恼、痛苦都是难免的，而一些人往往太过于计较，认为这是自己的不幸，生活没有快乐可言。其实只要我们学会包容，用心去领悟生活的内涵，珍惜所拥有的幸福，对一些小事挥挥手，不去在意，用大海般的胸怀去容纳一切，人生的境界就会从此不同。

有一对夫妇，吃饭闲谈。妻子兴之所至，一不小心冒出一句不大顺耳的话来。不料丈夫细细地分析了一番，于是心中不快，与妻子争吵起来，直至掀翻了饭桌，拂袖而去。

在我们的生活中，这样的例子并不少见，细细想来，当然是以小失大，得不偿失的。我们不得不说，他们实在是有点小心眼，太在意身边那些琐事了。其实，许多人的烦恼，并非是由多么大的事情引起的，而恰恰

是来自对身边一些琐事的过分在意和较真。

比如，在有些人那里，别人说的话，他们喜欢句句琢磨，对别人的过错更是加倍抱怨；对自己的得失喜欢耿耿于怀，对于周围的一切都易于敏感，而且总是曲解和夸大外来信息。这种人其实是在用一种狭隘、幼稚的认知方式，为自己营造着可怕的心灵监狱，这是十足的自寻烦恼。他们不仅使自己活得很累，而且也使周围的人活得很无奈，于是他们给自己编织了一个痛苦的人生。

要知道，人生中这种过于在意和计较的毛病一旦养成，天长日久，许多小烦恼就会铸成大烦恼。其实，在这一点上，古代的智者们早已有了清醒而深刻的认识，早在两千多年前，雅典的政治家伯里克利斯就向人们发出振聋发聩的警告："注意啊，先生们，我们太多地纠缠小事了！"之后，法国作家莫鲁瓦更深刻地指出："我们常常为一些应当迅速忘掉的微不足道的小事所干扰而失去理智，我们活在这个世界上只有几十个年头，然而我们却为纠缠无聊琐事而白白浪费了许多宝贵时光。"这话实在发人深思。过于在意琐事的毛病严重影响了我们的生活质量，使生活失去光彩。显然，这是一种最愚蠢的选择。

从台湾归来大陆定居的111岁老人陈椿有一句话说得极妙："一件事，想通了是天堂，想不通就是地狱。既然活着，就要活好。"其实，有些事是否能引来麻烦和烦恼，完全取决于我们自己如何看待和处理它。所谓事在人为，同一件事，不同的人做结果可能就大相径庭。因此，美国的心理学家戴维·伯恩斯提出了消除烦恼的"认知疗法"——通过改变人们对于事物的认识方式和反应方式来避免烦恼和疾病。这就需要我们首先要学会不在意，换一种思维方式来面对眼前的一切。

不在意，就是别总拿什么都当回事，别去钻牛角尖，别太要面子，别事事较真、小心眼；别把那些微不足道、鸡毛蒜皮的小事放在心上；别过于看重名与利的得失；别为一点小事而着急上火，动辄大喊大叫，以至因小失大，后悔莫及；别那么多疑敏感，总是曲解别人的意思；别夸大事实，制造假想敌；别把与你爱人说话的异性都打入"第三者"之列而暗暗仇视之；也别像林黛玉那样见花落泪、听曲伤心、多愁善感，总是顾影自怜。

要知道，人生有时真的需要一点大气。不在意，也是在给自己设一道心理保护防线。不仅不去主动制造烦恼的信息来自我刺激，而且即使面对一些真正的负面信息、不愉快的事情，也要处之泰然、置若罔闻、不屑一顾，做到"身稳如山岳，心静似止水"，"任凭风浪起，稳坐钓鱼台"。

这既是一种自我保护的妙法，也是一种坚守目标、排除干扰的妙策。我们的精力毕竟有限，假如处处纠缠琐事，被小事所累，我们的一生必将一事无成。不在意，也是一种豁达与包容。有宽广的胸怀和气度，是很容易告别琐屑与平庸的。而当你实现豁达与包容，自然会产生轻松幽默，从而洋溢出一种性格的魅力。

不在意，最终体现的是一种修养，一种高贵的人格，一种人生大智慧。那些凡事都与人计较、锱铢必争的人，自以为很聪明，其实是以小聪明干大蠢事，占小便宜惹大烦恼；而不在意，乃是不争，无为之为，大智若愚，其乐无穷！

不在意的人，是超越了自我的人，也是活得潇洒的人。因为避免了琐事的羁绊和缠绕，也就使自己获得了解放，自有一片自由的天地任其驰骋。

当然，不在意并不等于逃避现实，不是麻木不仁，不是看破红尘后的精神颓废和消极遁世；不是作家笔下的什么都冷若冰霜、无动于衷的"局外人"。而是在奔向大目标途中所采取的一种洒脱、豁达、飘逸的生活策略。倘能如此，自然会拥有一个幸福美妙的人生。

3. 有好口才不是坏事，但运用不当则会坏事

富兰克林常说："如果你辩论争强，你或许有时获得胜利，但这种胜利是得不偿失的，因为你永远无法得到对方的好感。"

有一种人，反应快、口才好、思维敏捷，在生活或工作中和人有利益或意见冲突时，往往能充分发挥辩才，把对方辩得脸红脖子粗、哑口无言。长此以往，这种人就形成了一个习惯：不管自己有理无理，一用到嘴巴，他绝不会认输，而且也不会输，因为他有本事抓你语言上的漏洞，也会转移战场，四处攻击，让你毫无招架之力。虽然你有理，他无理，但你就是拿他没办法。

在辩论会、谈判桌上，这种人也许是个人才，但在日常生活和工作场合中，这种人反而会吃亏，因为日常生活和工作场合不是辩论场，也不是会议室和谈判桌，你面对的可能是能力强但口才差，或是能力差口才也差的人，你辩赢了前者，并不表示你的观点就是对的，你辩赢了后者，只会凸显你仅仅是个好辩之徒且没有"心机"罢了。

而一般常见的情形是，人们虽然不敢在言语上和你交锋，但大家都心

知肚明，反而会同情"辩"输的那个人，你的意见并不一定会得到支持，而且别人因为怕和你在言语上交锋，只好尽量回避你，如果你得理不饶人，把对方"赶尽杀绝"，让他没有台阶下，那么你已种下一颗仇恨的种子，这对你来说绝对不是好事。

波音人寿保险公司为他们的推销员定了一个规矩：不要争论！完美、有效的推销，不是辩论，也不要类似辩论。因为辩论并不能让人改变想法。

富兰克林常说："如果你辩论争强，你或许有时获得胜利，但这种胜利是得不偿失的，因为你永远无法得到对方的好感。"因此，你要好好考虑一下，你想要什么，是只图一时口才表演式的胜利，还是一个人的长期好感。有好口才不是坏事，但运用不当则会坏事，因此你若有好口才，建议你：

（1）把口才用来说明事理，而不是用来战斗。不过当有人攻击你时，你应当"自卫"。

（2）有好的口才，也必须有好的内涵，否则别人会笑你全身只有舌头最发达。

（3）要驳倒对方，捍卫自己的意见时，点到为止即可，切莫让对方"无地自容"，换句话说，要给对方台阶下。

（4）别人得罪你时，你虽理直气壮，但也不必把对方骂得狗血淋头。

（5）若自己的观点错误，要勇于认错，并接受对方的观点，切莫用辩论的技巧死命反击，因为黑就是黑，白就是白，强辩只会让人看不起你。

好口才再配上好心机，这样的人无疑很有影响力，如果空有好口才而不知收敛，带来的损失无疑是巨大的，因为把"逞口舌之快"当成一种"快乐"，是做人的悲哀。

4. 太过算计的人活得很辛苦

> 凡是对金钱利益太过算计的人，都是活得相当辛苦又总是感到不快的人。

俗话说：真正聪明的人，往往聪明得让人不以为其聪明。聪明人表面笨拙糊涂，实则内心清楚明白。北宋大臣吕端，官至宰相，是三朝元老，他平时不拘小节、不计小过，仿佛很糊涂，但处理起朝政来机敏过人、毫不含糊。宋太宗称他是"小事糊涂，大事不糊涂"。其实，"大事不糊涂"者怎么可能"小事糊涂"呢？须知大事就是小事积聚起来的。所谓小事糊涂，只是装糊涂而已，因为真正的智者不屑在小事上浪费时间和精力。在处理大事与小事的关系上，有人提出了一种论点：大事小事都精明——少；大事精明，小事糊涂——好；大事糊涂，小事精明——糟。在古罗马律法中就有"行政长官不宜过问细节"一条。

在现实生活中，不仅仅是领导者，普通人也要时时面对自己的大事和小事。何为大事？影响全局的事为大事，决定整体的事为大事，范围内的工作为大事，也就是说，以结果来评价事之大小。对于一个企业管理者来讲，不管其工作性质如何、内容多寡，其工作程序和本质是不变的。工作的关键环节和关键行为应视为大，在这些问题上，思路必须清楚，不能糊涂。

美国心理专家威廉根据多年的实践，列出了500道测试题，测试一个人是否是一个"太能算计者"。这些测试题很有意思。比如，是否同意把一分钱再分成几份花？是否认为银行应当和你分利才算公平？是否梦想别人的钱变成你的？出门在外是否常想搭个不花钱的顺路车？是否经常后悔你买来的东西根本不值那么多钱？是否常常觉得你在生活中总是处在上当受骗的位置？是否因为给别人花了钱而变得闷闷不乐？买东西的时候，是否为了节省一块钱而付出了极大的代价，甚至你自己都认为，跑的冤枉路太长了？……只要你如实地回答这些问题，就能测出你是否是一个"太能算计者"。

威廉认为，凡是对金钱利益太过算计的人，都是活得相当辛苦又总是感到不快的人。在这些方面，他有许多宝贵的总结。

第一，一个太能算计的人，通常也是一个事事计较的人。无论他表面上多么大方，他的内心深处都不会坦然。算计本身首先已经使人失掉了平静，掉在一事一物的纠缠里。而一个经常失去平静的人，一般都会引起较严重的焦虑症。一个常处在焦虑状态中的人，不但谈不上快乐，甚至是痛苦的。

第二，爱算计的人在生活中很难得到平衡和满足，反而会由于过多的算计引起对人对事的不满和愤恨，常与别人闹意见，分歧不断，内心充满了冲突。

第三，爱算计的人，心胸常被堵塞，每天只能生活在具体的事物中不能自拔，习惯看眼前而不顾长远。更严重的是，世上千千万万件事，爱算计者并不是只对某一件事情算计，而是对所有的事都习惯于算计。太多的算计埋在心里，如此积累便是忧患。身处忧患中的人怎么会有好日子过呢？

第四，太能算计的人，也是太想得到的人。而太想得到的人，很难轻松地生活。

第五，太能算计的人，必然是一个经常注重阴暗面的人。他总在发现问题，发现错误，处处担心，事事设防，内心总是灰暗的。

从另一个角度来说，一个人大事不糊涂，小事也精明，事事都按照自己的方式算计，就不可能拥有很多朋友，也不可能在团队中发挥最好的作用。人毕竟没有三头六臂，当你事事比别人聪明时，总会引起别人的反感和嫉妒，终究"明枪易躲，暗箭难防"，导致自己受到无谓的伤害，甚至牺牲。真正聪明的人在一些小事上不会锱铢必较，而在大事上则会保持清醒的头脑。所以，在办事时，千万不要在小事上纠缠不休，搞得自己精疲力竭、心绪不宁，而到了大事面前却又真的糊涂了。

算计别人最终伤害的还是自己，难得糊涂其实是一种生活智慧与生存哲学。洒脱大方的人会给他人带来欢笑，同时也会为自己赢得愉悦的感受。

第四章 放宽胸怀，青春可以不纠结

5. 需求简单一点，生活就会快乐一点

> 聪明的人、有生活智慧的人，会有所为有所不为，只计较对自己最重要的东西，有取有舍，收放自如，所以他们通常活得比平常人更快乐一些。

现在很多人活得特别不快乐，究其原因就是在于总是计较得与失，给自己增加了很多烦恼。快乐真的很简单，只要你不去计较！

王老师心理诊所曾经接待了这样一个人。有一天，一个人气势汹汹地跑来问王老师："你不是说付出是快乐的吗？我付出了，为什么我不快乐？！"她讲了一些令她生气的事：她和一个朋友工作在同一处，她们几乎每天在一起，她们在一起的每一天每一件事都是她在付出。一起吃饭，是她埋单；一起购物，是她结账：她的东西，只要她的那个朋友喜欢就会拿走，不理会她是否同意。

听到这个人的叙述，我们是否觉得非常可笑？如果你在付出的时候不是心甘情愿，那就请你不要去做，何必要在事情发生后才抱怨呢！我们常用两肋插刀来形容朋友之情，既然插刀都可以了，一点点的付出又何必计较呢！难道这不是自己给自己找烦恼吗？

有些人做人、做事太过于精明和斤斤计较，名利地位、金钱美色样样都想拥有，都不肯放手。殊不知，这样的生活会过得非常累，让你有一种喘不过气来的感觉。反之，什么都不计较，什么都马马虎虎，什么都可以凑合，那样的人生也不行，没有什么追求。聪明的人、有生活智慧的人，会有所为有所不为，只计较对自己最重要的东西，有取有舍，收放自如，所以他们通常活得比平常人更快乐一些。

苏格拉底便是这样一个人。苏格拉底是单身汉的时候，和几个朋友挤住在一间只有8平方米的房子里，连转个身都很困难，可是他一天到晚总是开开心心的，别人对此甚是不解。曾经有人问他："你连住的地方都不好，怎么还这么高兴呢？"苏格拉底却说："因为有朋友啊。"在他的心里，他觉得和朋友们在一起，随时可以交换思想、交流感情，是一件很快乐的事情。

后来，朋友们纷纷成家了，先后搬了出去，只剩下苏格拉底一个人了，但他每天仍然很快活。这下大家又不明白了，怎么只剩下他一人还能这么快活。他说："因为我有好多书啊，一本书就是一个老师，每天都能向它们请教，是一件很快乐的事情。"

几年后，苏格拉底也成了家。住在七层楼的最底层，属于最差的地方，不安全，也不卫生，经常有人往下面泼污水，乱扔臭袜子什么的。可他却不在乎，依然喜气洋洋，并坚持认为住在一楼有诸多的好处，比如进门就是家，不用爬楼梯，搬东西方便，朋友来访也很方便，还可以在空地上养养花……一年后，因为一个偏瘫的朋友上楼不方便，苏格拉底就与他互换了房间，住到了楼房的最高层。他仍然觉得很开心、很满意。因为爬楼梯可以锻炼身体，住在高层光线好，可以很安静地看书、写文章。

著名的《安徒生童话》中有这样一个故事：

乡村有一对清贫的老夫妇，有一天他们想把家中唯一值点钱的一匹马拉到市场上去换点更有用的东西。老头牵着马去赶集了，他先与人换得一头母牛，又用母牛去换了一只羊，再用羊换来一只肥鹅，又把鹅换了母鸡，最后用母鸡换了别人的一大袋烂苹果。

在每次交换中，他都想给老伴一个惊喜。

当他扛着一大袋子烂苹果来到一家小酒店歇息时，遇上两个英国人。闲聊中他谈了自己赶集的经过，两个英国人听得哈哈大笑，说他回去准得挨老婆子一顿揍。老头子坚称绝对不会，两个英国人就用一袋金币打赌，三人于是一起回到老头子的家中。

老太婆见老头子回来了，非常高兴，她兴奋地听着老头子讲赶集的经过。每听老头子讲到用一种东西换了另一种东西时，她都充满了对老头子的钦佩。

她嘴里不时地说着："哦，我们有牛奶了！"

"羊奶也同样好喝。"

"哦，鹅毛多漂亮！"

"哦，我们有鸡蛋吃了！"

最后，听到老头子背回一袋已经开始腐烂的苹果时，她同样不急不恼，大声说："我们今晚就可以吃到苹果馅饼了！"

结果，两个英国人输掉了一袋金币。

由此可见，不计较的人生是多么的快乐。快乐不是因为拥有的东西多，而是计较的事情少。让外表简单一点儿，内涵就会更丰富一点儿；让需求简单一点儿，心灵就会更丰富一点儿；让环境简单一点儿，空间就会更丰富一点儿。

6. 原谅别人就是放过自己

> 仇恨是重负，一个人不肯放弃自己心中的仇恨，不
> 能原谅别人，其实就是自己在仇恨自己，自己跟自己过不
> 去，自己给自己罪受！

仇恨的可怕之处在于，如果自己不能主动地浇灭仇恨之火，那么这种感受将无休无止地煎熬着我们。放下仇恨，换来健康轻松的生活，何乐而不为？

有一位德高望重的老禅师叫法正，每年都有成千上万的人去请他解答疑问，或者拜他为师。这天，寺里来了几十个人，全都是心中充满了仇恨而活得痛苦的人。他们跑来请法正禅师替他们想一个办法，消除心中的仇恨。

他们每一个人都跑去向法正禅师诉说他们的痛苦，说自己心中有多么多的仇恨。法正禅师说："我屋里有一堆铁饼，你们把自己所仇恨的人的名字一一写在纸条上，然后一个名字贴在一个铁饼上，最后再将那些铁饼全都背起来！"大家听了禅师这么说，不明所以，但还是都按照法正禅师说的去做了。

　　于是那些仇恨少的人就背上了几块铁饼，而那些仇恨多的人则背上了十几块，甚至几十块铁饼。这样一来，那些背着几十块铁饼的人就觉得很重，非常难受。没多久，有人就叫起来了："禅师，能让我放下铁饼来歇一歇吗？"法正禅师说："你们感到很难受，是吧？你们背的岂止是铁饼，那是你们的仇恨，你们现在都能放下了？"大家不由得抱怨起来，甚至还有人私下小声说："我们是来请他帮我们消除痛苦的，可他却让我们如此受罪，还说是什么有德的禅师呢，我看也就不过如此！"

　　还有人高声说道："我看你是在想法子整我们！"

　　法正禅师虽然人老了，但是却耳聪目明，他听到了，一点儿也不生气，反而微笑着对大家说："我让你们背铁饼，你们就对我仇恨起来了，可见你们的仇恨之心不小呀！你们越是恨我，我就越是要你们背！"

　　过了一会儿，看大家真的是很累了，于是，法正禅师就让大家放下铁饼。看着大家一脸轻松的样子，法正禅师笑着说："现在，你们感到很轻松，对吧！你们的仇恨就好像那些铁饼一样，你们一直把它背负着，因此就感到自己很难受很痛苦。如果你们像放下铁饼一样放弃自己的仇恨，你们也就会如释重负，不再痛苦了！"大家听了不由得相视一笑，各自吐了一口气。法正禅师接着说道："你们背铁饼背了一会儿就感到痛苦，又怎能背负仇恨一辈子呢？现在，你们心中还有仇恨吗？"大家笑着说："没有了！你这办法真好，让我们不敢也不愿再在心里存半点儿仇恨了！"

　　法正禅师笑着说："仇恨是重负，一个人不肯放弃自己心中的仇恨，不能原谅别人，其实就是自己在仇恨自己，自己跟自己过不去，自己给自己罪受！"听到这里，大家恍然大悟。

　　排解仇恨情绪是一个净化心灵的过程。我们可以试着说服自己：别人确实伤害了我，但我对此也有一定责任，然后慢慢地让自己接受现实，从心底理解和原谅他人，进而让仇恨情绪随着时间的推移逐渐淡去。另外，我们也应学得宽容一些，不再那么容易受伤，这样才能防患于未然，不让仇恨之火轻易燃起。

第四章 放宽胸怀，青春可以不纠结

7. 偏见限制了我们的视野

> 宽容是一种高尚的美德，它使我们能够站在别人的角度去思考，用一种善意的方式去处理人际关系，表现出人与人之间对于相互理解的心灵渴望。

偏见是一堵墙。持有偏见的人只看到墙，而不承认墙那边有土地、花朵以及河流。持有偏见想法的人常说："墙上怎么会有花朵和河流。"于是他们变得更加固执己见。偏见限制了我们的视野，使我们戴上有色眼镜，用一种先入为主、僵化的观念去看事看人，结果必然是受到伤害。

我们往往有一个通病，就是对他人苛刻，对自己宽容。比如，别人硬要那么做，叫"冥顽不化"；你自己硬要那样做，却是"意志坚定，有想法，有主见"。别人花钱，叫作"奢侈浪费"；你若花钱，只是"慷慨解囊"。别人动作大意，叫作"动作粗鲁"；你若同样行动，却是"不拘小节"。别人态度温和，是因为"懦弱无能"；你若态度温和，便成"文雅敦厚"。

类似的情况还有很多很多。现代人大多抱着以自我为中心的心态去看待他人或判断某事，结果，滋生恨与恶。

芳芳是一个性格特别倔犟的女孩，她的父母在她上高中的时候离婚了，从此她跟着自己的母亲生活。不久母亲另嫁，她被迫接受一个跟自己毫无关系的继父。虽然继父对芳芳不是很好，但她很满足，因为母爱的存在大于一切。随后在她上高中的第二年，母亲有了和继父的孩子叫胖胖，从此那份伟大的母爱被一分为二，芳芳的心里很不是滋味，特难受，她觉得母亲在生了弟弟后不爱她了，于是，她和母亲之间产生了一层隔膜，时间越长，隔膜越厚。最终她离家出走了。

　　她这一走，就是几年。几年过去后，芳芳长大了，也有了自己的孩子。当上了母亲后，她渐渐体会到了做母亲的辛苦，慢慢学会了体谅母亲，想到当初自己因为母亲有了胖胖而离家出走这么多年，并且没有和母亲取得联系，实在不应该。于是她写信给母亲，回信的是芳芳的继父，继父在信中说："芳芳，看到你的信我真的很高兴，真的希望你妈也能看到，但是，你妈在你离家出走的那天，到处找你，那天下着大雨，你妈回来淋得很湿，然后就生了一场大病。我带她到各个医院看，都治不好，再加上她的心脏也不好，不久便去世了，她在最后的关头还在喊着你的名字……"当芳芳看到这里的时候，她的眼泪不停地向下流，她仿佛看到了在大雨倾盆的街道上，母亲焦急寻找她的身影……她痛恨自己的无知、自己的任性、自己的自私，她此时多么悔恨自己没能早一点儿站在母亲的位置去想问题啊！那样的话，母亲也不至于永远离开她了。

　　是啊！我们总是心存偏见地看待一些事情，就像芳芳固执地认为母亲不爱自己了。其实很多都是自己想当然的，毫无根据。生活中我们应该去体谅别人，去宽容别人，这样也是一种美的享受。

　　这个社会是需要宽容的，我们应该宽容地对待身边的人和事。宽容是一种高尚的美德，它使我们能够站在别人的角度去思考，用一种善意的方式去处理人际关系，表现出人与人之间对于相互理解的心灵渴望。宽容是我们人类最为珍贵的一种品质。宽容是吹开花朵的温柔的清风，是吹落阴云的温润的雨花，是容纳大树也容纳小草的田野，是接受百鸟飞翔、欢迎风筝飞舞、允许阳光普照以及暴雨倾盆的天空。

8. 放宽承受的胸怀，它让我们变得清醒

坐井观天的争斗只有一个结果，就是故步自封。当我们拥有并且放大了承受的胸怀，我们就能发现一个全新的世界。勇敢去承受的人，人生的步伐往往显得沉稳，能够包容他人的人，其世界往往是广阔的。

人类本质上的沉重感主要来源于责任、期盼和压力。放大承受的胸怀是让生活宁静、生命祥和的一种需要和方式。生活给予了我们很多东西，包括好的和不好的。生活在社会中的我们必须要有所包容，要承受得住我们必经的一切，这样人生自会有一份难得的优雅。

面对生活，我们需要包容，需要承受。承受是一种力度和气度，是一种坦然的接纳和始终清醒的生命理念，包容是为实现自我的一种收敛，是为寻求迸发所进行的自我蓄积。

印度有一个师父，他的徒弟总是不停地抱怨这、抱怨那，于是有一天早上他派徒弟去取一些盐回来。

当徒弟很不情愿地把盐取回来后，师父让徒弟把盐倒进水杯里喝下去，然后问他味道如何。

徒弟吐了出来，说："很咸。"

师父笑着让徒弟带着一些盐和自己一起去湖边。

他们一路上没有说话。

来到湖边后，师父让徒弟把盐撒进湖水里，然后对徒弟说："现在你喝点湖水。"

徒弟喝了口湖水。师父问："有什么味道？"

徒弟回答："很清凉。"

师父问："尝到咸味了吗？"

徒弟说："没有。"

然后，师父坐在这个总爱怨天尤人的徒弟身边，握着他的手说："我们承受痛苦的容积的大小决定了痛苦的程度。所以当你感到痛苦的时候，就把你的承受容积放大些，不是一个水杯，而是一个湖。"

我们要去包容人生中的各种打击，我们要去包容风霜雨雪。对人生的幸福和苦难而言，没有超越自我的气概、内视自守的精神和品质，就不会在苦难的胁迫下保持一个谈笑自如的自我；没有对世情的彻悟、洒脱的生命情怀，也就不会在幸福的裹挟下保持一个恬淡平和的心境。

一个真正能迎接和承受各种人生际遇和挑战的人，绝不是气量狭小的平庸之徒。他可能会忧郁，但灵魂的天空不会黑云压城；他也许会兴奋，但热泪盈眶中他不会因此迷失方向。因为他能包容一切，承受一切。

一位留学美国的中国学生和朋友谈起了自己看问题视野的变化。

由于小学成绩优秀，他考上了县城的中学。他发现自己再不能像在小学时那样稳拿第一了，比自己好的同学原来都有六棱好铅笔，自己却没有，于是产生了嫉妒心理，他认为天道不公。

经过几年的苦读，他又成为县中学的第一了。这时他又觉得，人与人之间还是不平等的，为什么自己没有好钢笔呢？中学毕业后，他考上了北京的某所大学，再后来他留学到美国，看到了五光十色的西方世界。在他慢慢接触这个世界的同时，他的嫉妒、自卑、怨恨也慢慢地消失了。他学会了用一颗包容的心去面对那些他认为的不平等，这才发现原来自己选取的比较标准发生了变化，看到的不再是自己的同学、同事和邻居，而是整个世界。

坐井观天的争斗只有一个结果，就是故步自封。当我们拥有并且放大了承受的胸怀，我们就能发现一个全新的世界。勇敢去承受的人，人生的步伐往往显得沉稳，能够包容他人的人，其世界往往是广阔的。

去包容，去承受，是人生苦涩而美丽的一番心境，放大承受的胸怀是一种境界，我们要放大承受的胸怀，去包容生活的各种不平，从而显示我们深厚、博大的人格魅力。

第四章 放宽胸怀，青春可以不纠结

第五章

正青春

尽早懂得『取舍』之道

苦苦地挽留夕阳的，是傻子；久久地感伤春光的，是蠢人。青春时有重新再来的资本，有些事不是你想扛就扛得住的，扛得越久，越让你喘不过气来。就像手中的沙粒，你攥得越紧失去得越多。所以，趁着年轻，尽早学会取舍，别再与自己较劲，懂得与生活握手言和，这样我们才能轻松上路，愉快地赶往生活的下一站。

1. 与其抱残守缺，不如断然放弃

> 我们不惜一切求取成功，可是，失败是不可避免的。
> 如果我们做得优雅，保持平衡，就可以得到平安，从经验
> 中成长。就像松开一个握紧的拳头，我们会感到自在而有
> 活力。

这是一个关于放弃的故事：

一个早上，一位母亲正在厨房清洗早餐的碗碟。她有一个四岁的小孩子，自得其乐地在沙发上玩耍。

不久之后，这位母亲听到孩子的啼哭声。究竟发生了什么事呢？她还没有将手抹干，就冲到客厅看孩子。

原来，孩子的手插进了放在茶几上的花樽里。花樽上窄下阔，所以，他的手伸了进去，但抽不出来。母亲用了不同的办法，想把孩子卡着的手拿出来，但都不得要领。

这位母亲开始焦急了，她稍微用力一点，小孩子就痛得叫苦连天。在无计可施的情况下，这位母亲想了一个下策，就是把花樽打碎。可是她有些犹豫，因为这个花樽不是普通的花樽，而是一件古董。不过，为了儿子

的手能够拔出来，这是唯一的办法。

结果，她忍痛将花樽打破了。

虽然损失不菲，但儿子平平安安，母亲也就不太计较了。她叫儿子将手伸给她看看有没有损伤。虽然孩子完全没有任何皮外伤，但他的拳头仍是紧握住的，像是无法张开。是不是抽筋了呢？

母亲再次惊慌失措了。

原来，小孩子的手不是抽筋。他的拳头张不开，是因为他紧握着一枚硬币。他是为了拾这一枚硬币，所以令手卡在花樽的口内。他的手抽不出来，不是因为花樽口太窄，而是因为他不肯放弃。

另一个故事是这样的：

一个老人在行驶的火车上，不小心把刚买的新鞋弄掉了一只，掉到了窗外，周围的人都为他惋惜。不料那老人立即把第二只鞋从窗口扔了出去，让人大吃一惊。老人解释道："这一只鞋无论多么昂贵，对我来说也没用了。如果有谁捡到这双鞋，说不定还能穿呢！"

显然，老人的行为已有了价值判断：与其抱残守缺，不如断然放弃。我们都有过失去某种重要东西的经历，且大都在心理上投下了阴影。究其原因，就是我们没有调整心态去面对失去，没有从心里承认失去，总是沉湎于已经不存在的东西。事实上，与其为失去的而懊恼，不如正视现实，换一个角度想问题：也许你失去的，正是他人应该得到的。

正值青春的我们时刻都在取与舍中选择，我们又总是渴望着取，渴望着占有，常常忽略了舍，忽略了占有的反面——放弃。懂得了放弃的真意，也就理解了"失之东隅，收之桑榆"的真谛。懂得了放弃的真意，静观万物，体会与世界一样博大的境界，我们自然会懂得适时地有所放弃，这正是我们获得内心平衡、获得快乐的好方法。

什么应该放弃？放弃失恋带来的痛楚，放弃屈辱留下的仇恨，放弃心中所有难言的负荷，放弃浪费精力的争吵，放弃没完没了的解释，放弃对权力的角逐，放弃对金钱的贪欲，放弃对名利的争夺……

然而，放弃并非易事，需要很大的勇气。面对诸多不可为之事，勇于放弃是明智的选择。只有毫不犹豫地放弃，才能重新轻松投入新生活，才会有新的发现和转机。

学会放弃，本身就是一种淘汰、一种选择，淘汰掉自己的弱项，选择自己的强项。放弃不是不思进取，恰到好处地放弃正是为了更好地进取，常言道：退一步，海阔天空。

人生短暂，与浩瀚的历史长河相比，世间的一切恩恩怨怨、功名利禄皆为短暂的一瞬，祸兮福所倚，福兮祸所伏。得意与失意，在人的一生中只是短短的一瞬。行至水穷处，坐看云起时。古今多少事，都付笑谈中。

放弃是一种睿智，它可以放飞心灵，可以还原本性，使你真实地享受人生；放弃是一种选择，没有明智的放弃就没有辉煌的选择。进退从容，积极乐观，必然会迎来光辉的未来。放弃绝不是毫无主见、随波逐流，更不是知难而退，而是一种寻求主动、积极进取的人生态度。

2. 想拥有一切，最终你将一无所有

放弃，对每个人来说，都是痛苦的过程。但是不会放弃，想拥有一切，最终你将一无所有。这也是生活的无奈之处。如果你不放弃每天相互依偎的甜蜜，就不会体验到久别重逢的欢欣；如果你不放弃轻歌曼舞的夜生活且刻意追求，就永远体验不到清风明月、宁静祥和的人生美妙意境……

昭是一个漂亮的姑娘，而且文采和口才都好。像这样各种优点集于一身的年轻未婚姑娘，追求她的小伙子自然也是论"打"统计的。每当夜深人静，昭便对这些围着她转的小伙子逐个排队比较，她发现每个人各有千秋，都有令她动心之处，但也都有大大小小的毛病。她无法逐个放弃，因而也无法断然选择。那些追求昭的小伙子耐不住苦苦等待，热情逐渐减退，都先后找到了自己的爱情归宿。昭至今还是孤身一人。

昭的失策在于没有学会放弃！

不会放弃，也就没有选择。如果当初昭能够放弃，在众多的追求者中选择一位，她就不会尝尽孤单的滋味。她失去了最佳的选择时机，选择

余地就有限了。生命给予我们每个人的，都是一座丰富的宝库。但你必须学会放弃，选择适合你自己拥有的。人生有所失才会有所得，只有放弃一部分，我们才会得到另外一部分；只有放弃某种我们凭"韧性"而固守着的东西，我们才会得到另一些真正裨益人生的东西。下岗了，就应转变就业观，放弃脑子里根深蒂固的面子观念，到更广阔的就业天地里去寻找生计；弃政而从商，到"海"里扑腾，就得放弃机关优厚、舒适的工作条件；进入了婚姻"围城"，就得放弃单身时的逍遥洒脱、自由自在……要适应一种生活，就必然得放弃某些观念和欲望。放弃得当，我们才会摆脱种种有形或无形的羁绊，打破种种思想上和行动中的禁锢，甩掉"包袱"，轻装前行，更快更好地进入"适应"的角色。

譬如说，你爱上了一个人，而他却不爱你，你的世界就"微缩"在对他的感情上了，他的一举手、一投足，都能吸引你的注意力，都能成为你快乐或痛苦的源泉。有时候，你明明知道那不是你的，却想去强求，或可能出于盲目自信，或过于相信精诚所至、金石为开，结果不断地努力，却遭到各种挫折。两情相悦有的靠缘分，有的靠机遇，有的需要人们能以游山看水的心情来赞赏，不是自己的不强求，无法得到的就放弃。

懂得放弃才有快乐，背着包袱走路总是很辛苦。

放弃意味着失去，放弃意味着付出，放弃体现着放弃者的精神境界。记得有位诗人曾这样说过："要想采一束清新的鲜花，就得放弃城市的舒适；要想做一名登山健儿，就得放弃白嫩的肤色；要想穿越沙漠，就得放弃咖啡和可乐；要想拥有永远的掌声，就得放弃眼前的虚荣。"当鱼翅和熊掌不可兼得时，就得把放弃摆到桌面上斟酌一番。

生活有时会逼迫你不得不交出权力，不得不放走机遇，甚至不得不抛弃爱情。你不可能什么都得到，生活中应该学会放弃。放弃会使你显得豁达豪爽，放弃会使你冷静主动，放弃会让你变得更加智慧和更有力量。

生活中缺少不了放弃。大千世界，取之弃之是相互伴随的，有所弃才有所取。人的一生是放弃和争取的矛盾统一体，要潇洒地放弃不必要的名利，执着地追求自己的人生目标。

童话故事中的完美在生活中是不存在的，我们可以追求生活中的美，但不能奢求完美，因此要懂得放弃的艺术。就像弃学从商的比尔·盖茨，对于他来说，放弃了银子是为了得到金子和钻石，这就是放弃的艺术。

3. 如果"舍不得"，又怎能"有所得"

> 庄子云：人生如白驹过隙。哲人的结论难道不能使人有些启迪吗？我们何不提得起、放得下、想得开，做个快乐的自由人呢？

人的欲望总是那么有蛊惑力，因为舍不得放弃到手的职务，有些人整天东奔西跑，荒废了正当的工作；因为舍不得放下诱人的钱财，有些人费尽心思，不惜铤而走险；因为舍不得放弃对权力的占有欲，有些人热衷于溜须拍马、行贿受贿；因为舍不得放弃一段情感，有些人宁愿岁月蹉跎……人总是这样，总是希望拥有一切，似乎拥有得越多，人越快乐。可是，突然有一天，我们惊觉：我们的忧郁、无聊、困惑、无奈，都是因为我们渴望拥有的东西太多了，或者太执着了。不知不觉中，我们已丧失了一切本源的快乐。

一个人，背着包袱走路总是很辛苦的，该放弃时就应果断地放弃，生活中有得必有失，正所谓："失之东隅，收之桑榆。"静观世间万物，适当地有所放弃，这正是获得内心平衡、获得快乐的好方法。

放弃不仅能改善你的形象，使你显得豁达豪爽，也会使你得到朋友的信赖，使你变得完美坚强，会带给你万众瞩目的荣耀，使你的生命绚丽辉煌，还会使你变得聪明、能干，更有力量。

学会放弃吧，凡是次要的、枝节的、多余的，该放弃的都放弃吧！

两个和尚一起到山下化斋，途经一条小河，和尚正要过河，忽然看见一个妇人站在河边发愣，原来妇人不知河的深浅，不敢轻易过河。一个年纪比较大的和尚立刻上前去，把那个妇人背过了河。两个和尚继续赶路，路上，那个年纪较大的和尚一直被另一个和尚抱怨，说作为一个出家人，怎可背个妇人过河。年纪较大的和尚一直沉默着，最后他对另一个和尚说："你之所以到现在还喋喋不休，是因为你一直都没有在心中放下这件事。而我在放下妇人之后，同时也把这件事放下了。"

放下是一种觉悟，更是一种心灵的自由。

只要你不把闲事常挂在心头，快乐自然愿意接近你！

其实，生活原本是有许多快乐的，只是我们常常自生烦恼，"平添许多愁"。许多事业有成的人常常有这样的感慨：事业小有成就，但心里却空空的，好像拥有很多，又好像什么都没有。总是想成功后坐豪华游轮去环游世界，尽情享受一番，但真正成功了，却没有时间没有心情去了却心愿，因为还有许多事情让人放不下……

对此，台湾作家吴淡如说得好："好像要到某种年纪，在拥有某些东西之后，你才能够悟到，你建构的人生像一栋华美的大厦，但只有硬体，里面水管失修，配备不足，墙壁剥落，又很难找出原因来整修，除非你把整栋房子拆掉。

"你又舍不得拆掉。那是一生的心血，拆掉了，所有的人会不知道你是谁，你也很可能会不知道自己是谁。"

仔细咀嚼这段话，不就是因为"舍不得"吗？

　　很多时候，我们舍不得放弃一份放弃了之后并不会失去什么的工作，舍不得放弃已经走出很远很远的种种往事，舍不得放弃对权力与金钱的角逐……于是，我们只能用生命作为代价，透支着健康与年华，不是吗？现代人都精于算计投资回报率，但谁能算得出，在得到一些自己认为珍贵的东西时，有多少和生命息息相关的美丽像沙子一样从指掌间溜走？而我们却很少去思考：掌中所握有的生命沙子的数量是有限的，一旦失去，便再也捞不回来。

　　佛家说："要眠即眠，要坐即坐。"这是多么自在的快乐之道啊，倘使你总是"吃饭时不肯吃饭，睡觉时不肯睡觉，千般计较"，这样放不下，你又怎能快乐呢？

4. 与其做着不擅长的事情，不如换个地方"打井"

如果你用心去观察那些成功者，会发现他们几乎都有一个共同的特征：不论聪明才智高低与否，也不论他们从事哪一种行业，担任何种职务，他们都在做自己最擅长的事。

生活有时就像打井，如果在一个地方总打不出水来，你是一味地坚持继续打下去，还是考虑可能是打井的位置不对，从而及时调整工作方案去寻找一个更容易出水的地方打井？

人生之中，每个人都具有独特的、与众不同的才能和心智，也总存在着一些更适合他做的事业。在竭尽全力拼搏之后却仍旧不能如愿以偿时，我们应该这样想："上天告诉我，你转入另外一条发展道路上，一定能取得成功。"因为种种原因而不得不改变自己的发展方向时，也应告诉自己："原来是这样，自己一直认为这是很适合自己的事，不过，一定还有比这个更适合自己的事。"应该认为另外一条新的道路已展现在你的眼前了。

尝试着换个地方打井，也同样会觅到甘甜清冽的泉水。

有一位农民，从小便树立了当作家的理想。为此，他十年如一日地努力着，坚持每天写作。他将一篇篇改了又改的文章满怀希望地寄往远方的报社和杂志社。可是，好几年过去了，他从没有只字片言变成铅字，甚至连一封退稿信也没有收到过。

终于在29岁那年，他收到了第一封退稿信。那是一位他多年来一直坚持投稿的刊物的编辑寄来的，编辑写道："……看得出，你是一个很努力的青年。但我不得不遗憾地告诉你，你的知识面过于狭窄，生活经历也显得相对苍白。但我从你多年的来稿中却发现，你的钢笔字越来越出色……"

他叫张文举，现在是一位著名的硬笔书法家。

不管从事何种职业的人，都必须充分认识、挖掘自己的潜能，确定最适合自己的发展方向，否则有可能虚度了光阴，埋没了才能。

美国作家马克·吐温曾经经商两次，均以失败告终。第一次他从事打字机的投资，因受人欺骗，赔进去19万美元；第二次办出版公司，因为是外行，不懂经营，又赔了10万美元。两次共赔将近30万美元，不仅把自己多年的积蓄赔个精光，还欠了一屁股债。

马克·吐温的妻子奥莉姬深知丈夫没有经商的才能，却有文学上的天赋，便帮助他鼓起勇气，振作精神，重新走创作之路。终于，马克·吐温很快摆脱了失败的痛苦，在文学创作上取得了辉煌的成就。

及时为人生掉个头，你会欣赏到另一种精彩绮丽的美景。

职场中，有人终日做着自己不大"感冒"的工作，牢骚满腹，却甘于如此，得过且过；有人痛下决心，果断地告别待遇不错的"铁饭碗"，去开创属于自己的天地。

据调查，有28%的人正是因为找到了自己最擅长的职业，才彻底地掌握了自己的命运，并把自己的优势发挥到淋漓尽致的程度。这些人自然都跨越了弱者的门槛，而迈进了成大事者之列；相反，有72%的人正是因为不知道自己的"对口职业"，而总是别别扭扭地做着不擅长的工作，却又不敢换个地方"打井"。因此，不能脱颖而出，更谈不上成大事了。

如果你用心去观察那些成功者，会发现他们几乎都有一个共同的特征：不论聪明才智高低与否，也不论他们从事哪一种行业，担任何种职务，他们都在做自己最擅长的事。

优秀的人在为自己的价值能够得到发挥而寻找途径的时候，所遵从的第一要务不是要求自己立即学习到新的本领，而是试图将自己身体内原有的才能发挥到极致。这好比要使咖啡香甜，正确的做法不是一个劲儿地往杯子里面加入砂糖，而是将已经放入的砂糖搅拌均匀，让甜味完全散发出来。

当你执着于在一个地方打井的时候，却不知甘甜清冽的泉水就在你的身后。有时，为探寻真正的人生甘泉，我们需要时刻准备，去勇敢地换个地方"打井"。

第五章　正青春，尽早懂得「取舍」之道

117

5. 正确剖析自己，放下不值钱的面子

> "讲面子"是中国社会普遍存在的一种民族心理，面子观念的驱动，反映了中国人自尊的情感和需要，但过分地爱面子却得不偿失。

中国人常说："人活一张脸，树活一层皮。""面子"的地位之重在我们的传统道德观念中可见一斑。可以说，中国社会对人的约束主要就是廉耻和脸面，然而若因此就固执地以"面子"为重，养成死要面子的人生态度却不是件好事。

有一个人做生意失败了，但是他仍然极力维持原来的排场，唯恐别人看出他的失意。为了能东山再起，他经常请人吃饭，拉拢关系。宴会时，他租用私家车去接宾客，并请了两个钟点工扮作女佣，佳肴一道道地端上，他以严厉的眼光制止自己久已不知肉味的孩子抢菜。

前一瓶酒尚未喝完，他已打开柜中最后一瓶XO。当那些心里有数的客人酒足饭饱告辞离去时，每一个人都热情地致谢，并露出同情的眼光，却没有一个人主动提出帮助。

希望博得他人的认可是一种无可厚非的正常心理，然而，人们总是希

望获得更多的认可。所以，人的一生就常常会掉进为寻求他人的认可而活的爱慕虚荣的牢笼里面，面子左右了他们的一切。

七十多年前，林语堂先生在《吾国吾民》中认为，统治中国的三女神是"面子、命运和恩典"。"讲面子"是中国社会普遍存在的一种民族心理，面子观念的驱动，反映了中国人自尊的情感和需要，但过分地爱面子却得不偿失。

有一个博士分到一家研究所，成为研究所里学历最高的一个人。

有一天他到单位后面的小池塘去钓鱼，正好正、副所长在他的一左一右，也在钓鱼。他只是微微点了点头，这两个本科生，有啥好聊的呢？

不一会儿，正所长放下钓竿，伸伸懒腰，"噌噌噌"从水面上健步如飞地走到对面上厕所。博士的眼睛睁得都快掉下来了。水上漂？不会吧！这可是一个池塘啊。正所长上完厕所回来的时候，同样也是"噌噌噌"地从水上回来了。怎么回事？博士生又不好去问，自己是博士生哪！

过了一阵儿，副所长也站起来，走几步，"噌噌噌"地掠过水面上厕所。这下子博士更是差点昏倒：不会吧，到了一个江湖高手集中的地方？博士生也内急了。这个池塘两边有围墙，要到对面厕所非得绕十分钟的路，而回单位上也太远，怎么办？博士生也不愿意问两位所长，憋了半天后，也起身往水里跨：我就不信本科生能过的水面，我博士生不能过。只听"咚"的一声，博士生栽到了水里。

两位所长将他拉了上来，问他为什么要下水，他问："为什么你们可以走过去呢？"两位所长相视一笑："这池塘里有两排木桩子，由于这两天下雨涨水正好在水面下，我们都知道这木桩子的位置，所以可以踩着桩子过去。你怎么不问一声呢？"

上面的这个例子再经典不过了，一个人过于爱惜面子，难免会流于迂腐。"面子"是"金玉其外，败絮其中"的虚浮表现，刻意地张扬"面子"，或让"面子"成为横亘在生活之路上的障碍，终有一天会吃到苦头。因此，无论是在人际关系方面还是在事业上，我们都不要因为小小的面子，给自己的生活带来不必要的麻烦和隐患。其实"面子观"是一种死守面子、唯面子为尊的价值观念和行事思想。"面子观"对我们行事做人有很大的束缚。因此，在不利的环境下我们要勇于说"不"，千万别过多地考虑"面子"，使自己陷入"面子观"的怪圈之中。

事实上，我们没必要为了面子而固执地使自己显得处处比别人强，仿佛自己什么都能做到。每个人都有缺陷，不要试图每一方面都优秀。聪明的人，敢于承认自己不如人，也敢于对自己不会做的事说不，所以他们自然能赢得一份惬意的人生。

执着，让我们赢得了通往成功的门票，而固执，让我们在死不认输时，输掉了整个人生。所以，正确剖析自己，敢于承认技不如人，放下不值钱的面子，走出面子围城，这不是软弱，而是人生的智慧。

6. 担着吃亏，放下真美

> 放下是彻底的解脱。搁下手上的，抖出怀中的，卸掉背部的，除去肩头的，涤净心间的，轻轻松松，快乐如仙！

如《好了歌》所言，人们都晓神仙好，就是财富、官位、生命、子女、配偶等等忘不了。

财富、官位、生命、子女、配偶等等，终归于无。

亿万身家，亦不过日食三餐、夜眠六尺，最终也难免水火官盗并逆子五子分金，顿化乌有。智者有言，子孙胜于我，要钱干什么；子孙不如我，要钱干什么？

官位功名之恋，更是无味。古来王侯将相万万千千，如今无不荒冢一堆、默默于野。孜孜以求，若为民造福、建功立业，当予肯定；若为窃位谋私，现实之报在于牢狱，未来之报重在无间、祸及子孙。

贪生怕死，乃人之本性。然而人生不过百年，贪生生不住，怕死死照来。此身皮囊，不过人之衣衫，成住坏空、生老病死，终将一死。贪生何趣，怕死无益。平常以对，自在逍遥。

子女夫妇本为债主，眷恋更是不值。当今，痴痴父母爱儿女者众多，悠悠儿女孝父母者寥寥。夫妇眷属情真意切如梁祝者寥寥，同床异梦各怀鬼胎者不乏其人。信什么海誓山盟，信什么"冬雷震震夏雨雪，乃敢与君绝"，无非痴人说梦、一枕黄粱。（如今气候改变，冬雷夏雪已不少见，所以大伙"乃敢与君绝"！）

还有人家的短短长长、星星点点，以及与人家的恩恩怨怨、是是非非忘不了。

人家的短长，是人家之事，与你何干？他脸上有污，洗不洗，他自己决定，你老放在心上，岂不累倒？即便与人家有恩怨是非，亦当放下，让他三尺，地阔天宽！

对于上述之理，世人未必不知，就是知而不悔，就是放不下！

大众当知，一切皆是空，万缘当放下。

放下是智慧的选择。俗语云，葫芦挂在墙上好好的，挂到颈上干什么？要明白，抱着太累，背着受罪，担着吃亏，放下真美！

放下是彻底的解脱。搁下手上的，抖出怀中的，卸掉背部的，除去肩头的，涤净心间的，轻轻松松，快乐如仙！

放下是本性的提升。万缘放下，光明照耀，本性如华！少了无谓的贪欲，去了无味的争夺，没了无聊的纠葛，断了无耻的根由，尘埃涤净，本性归来，境界顿转，极乐现前，何其妙哉！

放下是进步的开端。轻装上阵，战无不胜、攻无不克；无欲无求，进步之始，成贤之本，成圣之基。

君等放下，归去来兮！

让一切随缘吧！不要让自己负累，放下包袱也许会拥有另一种情怀，无须这么贪婪，无须刻意把握，给自己一片宁静的天空，把情感汇入流沙放归大自然，让心语划过星空把伤感带走，放一首轻快的音乐洗涤心灵的尘埃，放下忧郁，放弃心仪却又无缘的人，放弃一段情，不爱就散了吧！何必给自己套上沉重的心灵枷锁，夕阳西下还有再升时，风雨过后总有彩虹再现。学会珍藏昨天，希冀未来。给自己一片自由的空间，开启另一扇心门，留无奈于天际，把悲伤放逐，让叹息随风，欣赏属于自己的靓丽风景。

第五章 正青春，尽早懂得『取舍』之道

第六章

青春很美

但却与完美无关

奋斗是青春的主旋律，在奋斗的路上，总有一些人十分苛刻地要求自己，工作要做到什么程度，形象要达到什么标准，在这些要求下，他们变得心情沉重、生活无趣。王尔德曾说："人真正的完美不在于他拥有什么，而在于他是什么。"娑婆世界，万事都有缺陷，完美只是上帝的假设，我们不要过分地要求自己，必须要学会和自己握手言和，记住，所有美好的青春都不可能是完美的。

1. 完美的标准是相对而言的

> 缺陷并不可怕，完美也没有十分。面对不足，采取
> 泰然处之、宽容的态度，生活中便会少一分烦恼，多一
> 片笑声。

一个硬币有正反两面，一个人也有优缺点，没有谁能够成为完美的人，因此我们不要用人生短暂的光阴去盲目追求完美。

事实上，我们是不完美的，可以形容为是上帝咬过一口的苹果，然后丢弃在了人间。我们要想实现完美，就好像大海捞针，最后只会徒劳无功。

勇敢的人往往缺少智慧，聪明的人往往缺少勇气，豪爽的人往往心思过疏，谨慎的人往往怀疑过头……一种阳光性格的另一面必然是阴影，我们又怎么能达到完美呢？

我们不要求达到生活的完美。生活本身应该有些风浪，风浪正是我们出航的助力。如果我们生活在一帆风顺中，我们不会增长自己的才干，同时也很难体验生活的乐趣。

有一个人从来没有出过海，他的朋友约他一起前往，他有点犹豫，害

怕翻船。朋友好说歹说地劝他："如果你总是这么杞人忧天，还不如从一出生就躺在床上，这样什么危险也没有了。"这个人终于禁不住朋友的劝说，于是两人一同前往。

刚开始时，大海风平浪静，两人觉得心旷神怡。没过多久，风浪就来了。船有些摇摇晃晃，这人有些紧张，朋友告诉他说没什么可担心的，这是常有的事情，这个人的情绪才有些舒缓。果然，没过多长时间，风浪就平息下来了。等他们回到家的时候，他对朋友说："虽然有点惊险，但是还真有趣。"朋友呵呵一笑。

我们的生活何尝不是这样？当我们年轻的时候，我们畏惧这个风险，担心那个风险。当时就有过来人告诉我们说，一切顺其自然。事实证明，我们担忧的事情中有90%都没有发生。我们回过头去看那段生活的时候，发现经历了那样的日子，生活才变得丰富起来，连痛苦的经历都成了美好的回忆。

生活就是这样，不可能完美，不可能一帆风顺。我们也没有必要追求完美，追求一帆风顺。我们要追求的是适应和驾驭生活的能力，就像我们在大海上，要做的是适应和驾驭那条摇摇晃晃的船，以及面对风浪所具备的应对能力。我们没有办法祈求上天给我们一个完美的生活，我们应该依靠的是自己。

我们不要求达到事业的完美。追求事业的完美容易陷入空谈，因为事业成功的关键因素在于我们的资源和我们的事业是否匹配。没有资源，一切都是枉然，只能陷入空谈。因此我们发展自己的事业，不要想着一开始就做大事。事实上，事业的起步往往是从小事情做起的。如果一个人觉得小事情琐碎，不屑于去做，那么他也不大可能会做大事情。任何庞大的机器都是由一个个零部件组成的，这些零部件的运转如何直接决定了机器的运转。大事情也是由一堆小事情有机组合而成的，因此做好小事情，就成为成功运转大事情的基础。

一位才思敏捷的牧师对公众作了一场精彩的演讲，最后他以肯定自我价值作为结尾，强调每个人都是上帝眷顾的宝贝，每个人都是从天而降的天使。活在这个世界上，每个人都要用好上帝给予的独特恩赐，去发挥自己最大的能力。

听众当中有个人不服牧师的说法，站起身来，指着令自己不满意的扁塌鼻子，说道："如果像你所说，人是从天而降的天使，请问有哪个完美的天使长着塌鼻子呢？"

另一个嫌自己腿短的女子也起身表达同样的意见，认为自己的短腿不是上帝完美的创造。

牧师轻松而自信地回答："上帝的创造是完美的，而你们两人也确实是从天而降的天使，只不过……"他指了指那名塌鼻子的男子，说："你降到地上时，让鼻子先着地罢了。"

牧师又指着那个嫌自己腿短的女子，说，"而你，虽是脚先着地，却在从天而降的过程中，忘了打开降落伞。"

俗话说，"金无足赤，人无完人"，上述故事正是说明了这个道理。人生确实有许多不完美之处，每个人都会有这样那样的缺憾，真正完美的人在生活中是不存在的，即使是中国古代的四大美女，也有各自的不足之处。据历史记载，西施的脚大，王昭君双肩仄削，貂蝉的耳垂太小，杨贵妃还患有狐臭。道理虽然浅显，可当我们真正面对自己的缺陷、生活中不尽如人意之处时，却又总感到懊恼、烦躁。

其实，完美的标准是相对而言的，因人的审美观不同而不同，今天以瘦为美，明天就可能以肥为美。古人以脚小为美，如果今天有"三寸金莲"走在大街上，路人肯定会笑掉大牙。

追求完美没有错，可怕的是追而不得后的自卑与堕落。即使缺陷再大的人也有其闪光点，正如再优秀的人也有缺陷一样。能够充分发挥自己的长处，照样可以赢得精彩人生。正如清朝诗人顾嗣协所说："骏马能历险，犁田不如牛；坚车能载重，渡河不如舟。舍长以就短，智者难为谋；生才贵适用，慎勿多苛求。"

勤能补拙，先天的不足同样可以用后天的努力来弥补。

缺陷并不可怕，完美也没有十分。面对不足，采取泰然处之、宽容的态度，生活中便会少一分烦恼，多一片笑声。

但丁曾说："尽心就意味着完美。"在做任何一件事情时，只要我们抱着"没有最好，但有更好"的态度，用心去做就可以了。对于那些缺憾，我们只要把它们当作教训，引以为戒，并以此来激发下一步的行动，完全不必把它们过于放在心上。

第六章　青春很美，但却与完美无关

2. 娑婆世界，万事都有缺陷

> 人生不要太圆满，有个缺口让福气流向别人是件很美的事，你不需拥有全部的东西，若你样样俱全，别人吃什么呢？

佛学中说，娑婆世界，万事都有缺陷，没有一个圆满的人，没有一件圆满的事。对这一点，我们若能认识得清楚，那么人生便会少却许多烦恼和忧愁。

人生总有这样那样的不足，但我们不能为此而放弃自己，更不能强求完美。一个人如果对自己和他人要求过高，总是追求完美，强迫自己做到尽善尽美，会妨碍他取得成功，阻碍他享受成功所带来的一切欢愉。

凯瑟琳今年21岁，生得毫不"沉鱼落雁"，选这个那个"小姐"肯定是没有希望的，连校花、班花都没有人会考虑到她。她自卑感很强，眼见同学一个个花枝招展，老觉得自己是鸡立鹤群。她有一个强烈的念头，就是生为女性，如果长相不漂亮，生命就等于失去大半，找工作、交男友，处处吃亏。她心情日渐忧郁，上课时也总是无精打采的。她觉得生活对自己来说毫无值得留恋之处，于是便跳河自杀。一个老者救了她，对她说：

人有两条命，一条是属于你自己的，刚才你已经自杀捐弃了；还有一条是属于众生的，愿你加倍珍惜这一条生命。凯瑟琳听完，嫣然一笑。老者觉得她的笑美丽无比，于是赞美了她一番。凯瑟琳一听很高兴，从此她笑脸常开，觉得生活也突然变得丰富多彩起来，后来她成了一名著名的节目主持人。

一个渔夫从海里捕到一只蚌，从蚌中得到一颗大珍珠，他欣喜若狂。可回到家里一看，发现珍珠上有一个小黑点。渔夫觉得很不舒服，他想，如能将小黑点去掉，珍珠将变得完美无瑕，肯定会成为无价之宝。渔夫便开始去黑点，可剥掉一层，黑点仍在，再剥一层，黑点还在，剥到最后，黑点没了，珍珠也不复存在了。

在一个讲究包装的社会里，我们常常禁不住羡慕别人光鲜华丽的外表，而对自己的欠缺耿耿于怀。

其实没有一个人的生命是完整无缺的，每个人都少了一样东西。

有人夫妻恩爱、月收入数十万，却有严重的疾病在身；有人才貌双全、能干多金，情路上却是坎坷难行；有人家财万贯，却是子孙不孝；有人看似好命，却是一辈子脑袋空空……

每个人的生命，都被上苍画上了一道缺口，你不想要它，它却如影随形。

你要宽心接受，体会到生命中的缺口，仿若我们背上的一根刺，时时提醒我们要谦卑，要懂得怜恤。

若没有苦难，我们会骄傲；没有沧桑，我们无以去安慰不幸的人。

人生不要太圆满，有个缺口让福气流向别人是件很美的事，你不需拥有全部的东西，若你样样俱全，别人吃什么呢？

体会到每个生命都有欠缺的道理，我们就不仅不会再去与人进行无谓的比较，反而更能珍惜自己所拥有的一切。

有位著名的企业家说："这辈子结交的达官显贵不知凡几，他们的外表实在都令人羡慕，但深究其里，每个人都有一本难念的经，甚至苦不堪言。"

所以，不要再去羡慕别人如何如何，好好算算上天给你的恩典，你会发现你所拥有的绝对比没有的要多出许多，而缺失的那一部分，虽不可爱，却也是你生命的一部分，接受它且善待它，你的人生会快乐豁达许多。

3. 正视生命中小小的残缺

每个人都追求完美，每个人都渴望完美，无论对别人、对自己、对环境、对工作。可这世界上能找到完美的事物吗？当有缺点时，不如正视它吧，不完美也是一种美！

曾经有一个印度男子娶了一个漂亮的妻子，妻子面貌秀丽，体态婀娜，两人情如金石，恩恩爱爱，简直是天生一对、地造一双。可丈夫认为妻子美中不足的是瓜子脸蛋上却镶嵌了一个酒糟鼻，好像是艺术家的粗心，对一件原本可以傲视世间的艺术精品，少雕刻了几刀，显然是一种遗憾，于是丈夫对妻子的鼻子终日耿耿于怀。一日，他路过一个奴隶市场，看到一个身材单薄、瘦小清纯的女孩，正在等待着人们挑选购买，他突然发现这个女孩的鼻子很端正，于是不惜高价买了下来。

他把这个鼻子很端正的女孩兴高采烈地带回家，想给心爱的妻子一个惊喜。到家中，他用刀子把女孩的漂亮鼻子割了下来，他拿着血淋淋又温热的鼻子对太太说："亲爱的，快出来，看我给你买回来的最宝贵的礼物。"妻子说："什么礼物值得你这样大惊小怪？"妻子从房间里出来。

"你看，我给你买来了世界上最好看的鼻子，你戴上看看。"他说完拿起刀把妻子的酒糟鼻子也割了下来，然后赶紧把那只端正的鼻子嵌贴在伤口处，但是无论他如何放，那个漂亮的鼻子就是始终无法粘在妻子的鼻梁上。

这个故事告诉我们，一味追求完美，不敢正视自己的缺点是多么的可怕。完美主义者做事的时候总是力求不存缺憾，哪怕是无关紧要的细节也不能放过，殊不知要求完美是一件好事，但是如果做过了头，反而比不完美更糟糕。

每个人都追求完美，每个人都渴望完美，无论对别人、对自己、对环境、对工作。可这世界上能找到完美的事物吗？当有缺点时，不如正视它吧，不完美也是一种美！

福特公司的总裁曾在全体员工面前亮出他自己的缺点，列举了五点：

第一，我太在意时间。因此，我常常过分系统化，一时之间想完成太多的事，因而进度落后时不免焦躁或恼怒。

第二，我绝对公私分明。这使我看起来不通人情，对与公事无关的个人小事毫无兴趣。

第三，我不注重细节。我有点大而化之，宁可将事情简化。当进行一件重大的计划时，我常把可能延误或阻碍整件方案的问题摆在一边，先将事情做成，最后再来处理这些细节。这种做法使我不至于在旁枝末节的崎岖小径里迂回打转，绕不出来；但是也可能因考虑不周全，失去一些机会或造成不必要的误解。

第四，我要求的价码太高。平常我觉得这是个优点，但可能也吓跑了一些我应当跟他交往的人。

第五，我很爱吃东西。美味当前，我总是先吃了再说，吃完之后再来担心。

福特公司的总裁并没有因亮出自己的缺点而让员工瞧不起，相反，员工们更佩服他了。

那么，你是否也想想自己的缺点呢？你能不能诚实地指出自己在个性、态度、行为上的短处呢？

正视缺陷，有些缺点恰好是一种美丽的优点，不经意间铸就了人生中的另一种美。生命中小小的残缺，如同维纳斯女神一样，正是因为有了断臂这份缺陷而变得更加真实特别，更加美丽动人，更加大气典雅，美得更加令人心醉神迷……

第六章 青春很美，但却与完美无关

4. 在这个世界上，没有人能做到完美

> 适度的完美主义是有益的，但如果到了一种极端的地步，就像美丽的罂粟花一样，外表美丽，背后却是万丈深渊，甚至是一种心理疾病。

罂粟花看似美丽，但它背后却是一个黑洞。完美主义就犹如这罂粟花一样美丽、诱人，大家都在追求它，可是完美的东西是不存在的，有些人为了追求这虚无缥缈的东西而走火入魔。当完美主义到了一种极端的状态是非常可怕的，认为任何东西不能存在不完美，必须要完美无缺不可，越是完美就越觉得不完美，就越觉得痛苦。适度的完美主义是有益的，但如果到了一种极端的地步，就像美丽的罂粟花一样，外表美丽，背后却是万丈深渊，甚至是一种心理疾病。

完美主义的问题正是在于"恐惧缺憾"，害怕令人失望从而避免感到缺憾，因此也是一种心理疾病。

玛丽一直是一个追求完美主义的人：工作得心应手，一路高升；与上下级相处融洽，在纷繁的人事关系中游刃有余；生活中的大事小事，事前会作出合理安排，不出差错；多年来一直保持苗条身材，体重上下幅度精

确到500克……

可在准备与人约会的时候却出了问题，她用两个多小时去做发型、精心化妆和仔细挑选衣服，但始终觉得不满意，最后沮丧地取消了约会，谁也没见。

像玛丽这样就属于典型的一种病了。耶鲁大学心理学教授高兰·沙哈博士说："这是一种'流行病'，我们所处的社会对人们提出的要求就是：不断做出成绩。"这些完美主义者们即使事情最终成功地完成，也还是不会快乐，他们更在乎的是："那又怎么样呢？""接下来的事情能成功吗？"这些人总是对自己提出很高的要求，久而久之，便会积郁成疾。

完美主义者不管对人还是对事，都高标准、严要求，力争尽善尽美。心理学将完美主义者分为三种类型：

一是"要求他人"型，为别人设下高标准，不允许别人犯错误，这类人往往人际关系糟糕，婚姻一般会遭遇失败。

二是"要求自我"型，给自己设下高标准，而且追求完美的动力完全是出于自己，这类人容易陷入自我批判和情绪沮丧之中。

三是"被人要求"型，总感觉别人对自己有更高的期望，于是为之不断努力，这类人则容易陷入抑郁，甚至会产生自杀的想法。

心理学家的治疗方法之一，是让患者换一种新的思路，即尝试不完美。比如一位女性，她总是苛求自己在角色中做得更好些。于是，心理学家便告诉她，每天工作的时间不要超过下午五点，而以前她会一直工作到七点。不用天天都在家里吃自己做的饭，可以固定安排一顿晚饭在外面吃。慢慢地，便有所改变。

最后，给那些完美主义者一些忠告：在这个世界上，没有人能够做到完美。我们至多能做到接近完美，或更接近完美。做任何事情的时候，都需要时时刻刻忍受各种各样的不完美，否则任务根本无法完成。就算最终完成，结果也常常是不完美的。生活本身就不完美，谁的生活都是伴随着风风雨雨，你不接受也不行，这就是生活的真实性。

5. 适可而止，八分生活

> 不过满、不极端、不偏执，以宽松的心境度过每一
> 天，以适度的方式应对世事，带来人生平衡和良性循环。

如今，在中国台湾和日本流行"八分生活学"。所谓八分生活哲学，就是指无论生活还是工作，不再苛求全力投入，十分力气使上八分，不必每件事情都做到十全十美，适可而止就好。

心态上

改变完美主义，什么事情并不一定都要做到十全十美才算满意，适可而止就好。一个人追求完美并没有什么错，但是心理学家们在过去几十年的研究中发现，过分追求完美的心态对人的身心伤害会很大。不要再给自己提出远大目标、高标准严要求地对待自己，因为人们在这种心理状态下提出的目标和要求，往往是不切实际的，所以很容易遭遇失败、打击和折磨。

工作上

八分工作并不是指工作不认真、不努力，而是告诉人们工作到八分

的时候，就要休息一下。连续工作两小时以上，就要停下来休息一会儿，可以简单地锻炼一下手臂，使紧张的肌肉得到放松，或者闭上眼睛冥想两分钟，帮助大脑回到最佳状态，从而再次投入到工作中去。此外，它还要求我们首先对所从事的工作抱有积极乐观的态度。其次，要有计划性。这样，才能更加得心应手地完成工作。

生活上

让自己住在一个离城市很远、离心灵很近的地方——郊区。城市中心车辆多、污染大、空气不新鲜、人多、绿化面积小、建筑密度大、活动空间小，再加上工作压力大，这会使得很多人都在不知不觉中处于亚健康状态。

感情上

当你爱一个人的时候，爱到八分绝对刚刚好，剩下两分用来爱自己。一方面，如果你还继续爱得更多，很可能会给对方沉重的压力，让彼此喘不过气来。另一方面，太爱一个人，会被他（她）牵着鼻子走，如被魔杖点中，完全不能自己。从此，没有了自己的思想，没有了自己的喜怒哀乐，进而忘记了理性的存在。放轻松一点儿，给对方一点儿空间，也给自己一点儿空间，永远不要忘记独立人格的宝贵。

饮食上

饮食上八分是指烹饪八分熟就好，烹调时用八分油、八分盐，吃到八分饱。因为如果这些都达到十分的时候，那就有可能会起到不好的作用。比如盐要是摄入太多，就会加重肾脏的负担。如果吃得太饱，就会加重肠胃的负担。八分饮食不在于食材的昂贵稀有，而是注重食材的搭配和谐、餐具的简洁干净、背景音乐的悦耳以及人们用餐时的心境。

以上便是我们提倡的八分生活哲学。历史上的大家曾国藩曾经有一句著名的家训"花未全开月未圆",正是"八分生活学"的最佳写照。不过满、不极端、不偏执,以宽松的心境度过每一天,以适度的方式应对世事,带来人生平衡和良性循环。

6. 减少精神束缚，不必勉强自己

> 生活中有许多不快乐与抱怨，感到生活烦闷、人生不顺的时候，应该让自己明智一点，不要用"高标准"去为难自己，卸掉自己背负的沉重包袱，不再折磨自己的内心。

生活中，常常有人抱怨活得太辛苦、压力太大，其实，这往往是因为在我们还没有衡量清楚自己的能力、兴趣、经验之前，便给自己在人生各个路段设下了过高的目标。这个目标不是根据个人实际情况制定的，而是和他人比较以后制定的，所以每天为了完成目标，不得不背着责任的包袱去生活，不得不忍受辛苦和疲惫的折磨。

人首先要对自己负责任。有的人不看实际情况，要求自己必须考上名牌大学，必须学热门专业，认为这是自己的责任，只有这样才算完美的人生。许多大学毕业生不愿去基层，不愿去艰苦地区，就是因为他们人生的背篓中背负着太多的责任。这种以私利为出发点的个人抱负，已蜕变为一个包袱压在身上，让人喘不过气来，可有人却乐此不疲。

人们常说："什么事都归咎于他人是不好的行为。"但真的是这样的吗？许多人动不动就把错误归咎于自己，其实这也是不正确的观念。比如说，有的人因孩子学习不好而整天苦恼，因孩子没考上大学而内疚。

其实只要自己尽力去为孩子做该做的一切，若孩子因为其他原因而落榜，就不该把责任归到自己身上。再者说，塞翁失马，又焉知非福呢？孩子可能在其他方面小有成就。

了解自己，做你自己，就不必勉强自己，不必掩饰自己，也不会因背负太重的责任包袱而扭曲自己。

如此，就能少一些精神束缚，多几分心灵的舒展；就能少一点自责，多几分人生的快乐。

有的人对自己与社会格格不入的个性感到相当烦恼，可是后来把它想成：这种个性是与生俱来的，是上天所赐予的，并非自己努力不够。这样一想，也就不再责备自己，不再烦恼了。

生活中有许多不快乐与抱怨，感到生活烦闷、人生不顺的时候，应该让自己明智一点，不要用"高标准"去为难自己，卸掉自己背负的沉重包袱，不再折磨自己的内心。

歌德曾经说过："责任就是对自己要求去做的事情有一种爱。"只有认清了在这个世界上要做的事情，认真去做自己喜爱的事，我们才会获得一种内在的平静和充实。知道自己的责任之所在，并背负了恰当的适合自己的责任包袱，我们就能体会到人生旅途的快乐。

7. 安心做自己，莫羡慕他人

> 人们总渴望获得那些本不属于自己的东西，而对自己所拥有的不加以珍惜。其实，每一个生命个体之所以存在于这个世界上，自有他存在的意义。安心做自己的人，才是智慧的人。

在社会上，无论走到哪里，不用留心，我们就经常能够听到诸如此类的抱怨：我太羡慕小王了，他在外企工作，一个月的薪水抵得上我三个月；我要是老高多好，娶了个市委书记的妹妹；我儿子有邻居家小孩那样乖就好了……有人羡慕别人的高位，有人羡慕别人的钱财，有人羡慕别人帅气的外表。

事实上，偶尔有羡慕之心是很正常的，但是，如果总是拿别人的长处和自己的短处比，那么，你真的只有抱怨的份儿了。

做自己最好，这是放在哪个年代都错不了的真理！

上帝经常听到尘世间的万物抱怨上天对自己不公的声音，于是就问众生："如果让你们再活一次，你们将如何选择？"

牛："假如让我再活一次，我愿做一只猪。我吃的是草，挤的是奶，干的是力气活，有谁给我评过功、发过奖？做猪多快活，吃罢睡，睡了吃，肥头大耳，生活赛过神仙。"

猪："假如让我再活一次，我要当一头牛。生活虽然苦点，但名声好。我们似乎是傻瓜懒蛋的象征，连骂人也都要说'蠢猪'。"

鼠："假如让我再活一次，我要做一只猫。吃皇粮，拿官饷，从生到死由主人供养，时不时还有我们的同类给他送鱼送虾，很自在。"

猫："假如让我再活一次，我要做一只鼠。我偷吃主人一条鱼，会被主人打个半死。老鼠呢，可以在厨房翻箱倒柜，大吃大喝，人们对它也无可奈何。"

鹰："假如让我再活一次，我愿做一只鸡，渴有水，饿有米，住有房，还受主人保护。我们呢，一年四季漂泊在外，风吹雨淋，还要时刻提防冷枪暗箭，活得多累呀！"

鸡："假如让我再活一次，我愿做一只鹰，可以翱翔天空，任意捕兔捉鸡。而我们除了生蛋、司晨外，每天还胆战心惊，怕被捉被宰，惶惶不可终日。"

女人："假如让我再活一次，我一定要做个男人，经常出入酒吧、餐馆、舞厅，不做家务，还摆大男子主义，多潇洒！"

男人："假如让我再活一次，我要做个女人，上电视、登报刊、做广告，多风光。即使是不学无术，只要长得漂亮，一句嗲声嗲气的撒娇，一个朦胧的眼神，都能让那些正襟危坐的大款们神魂颠倒。"

上帝听后，大笑起来，说道："一派胡言，一切照旧！还是做你们自己吧！"

人们总渴望获得那些本不属于自己的东西，而对自己所拥有的不加以珍惜。其实，每一个生命个体之所以存在于这个世界上，自有他存在的意义。不要追求完美，什么都想要，什么也得不到。不如安心做自己，安心做自己的人，才是智慧的人。

如果总是把目光盯在别人身上，抱怨别人拥有得太多而自己所得太少，就会在失去做自己的同时，也失去了做人的快乐。

不要总是羡慕别人，安心做最好的自己让别人羡慕！如果你是教师，就尽职尽责地上好每一节课；如果你是工人，就努力生产出最好的产品；如果你是管理者，就要运用智慧让公司健康地发展。

8. 能够自我接受，才能有正确的选择

> 自我容纳的人，能够实事求是地看自己，也能正确理解和看待别人的两重性，这样就会抛弃骄傲自大、清高孤僻、鲁莽草率之类导致失败的弱点。

古语云：甘瓜苦蒂，物不全美。从道理上讲，人们大都承认"金无足赤，人无完人"。正如世上没有十全十美的东西一样，也不存在精灵神通的完人。但在认识自我、看待别人的具体问题上，许多人仍然习惯于追求完美，求全责备，对自己要求全面发展，对别人也往往是全面衡量。为此，常常把自己搞得很失落、很自卑、很没心情，原本宁静平和的生活也被自己弄得一片灰暗、烦恼丛生。

难道那些英雄、名人果真那么光彩夺目、无可挑剔吗？绝非如此。任何人总有其优点和缺点两个方面。

美国大发明家爱迪生，有过一千多项发明，被誉为发明大王，但他在晚年却固执地反对交流输电，一味主张直流输电。

电影艺术大师卓别林创造了生动而深刻的喜剧形象，但他却极力反对有声电影。

人是可以认识自己、控制自己的，人的自信不仅是相信自己有能力、有价值，同时也相信自己有缺点、有毛病。我们放弃了完美，就会明白我们每个人的两重性是不可改变的。所以，我们应当保持这样一种心态：我知道自己的长处优点，也知道自己的短处缺点，我知道自己的潜能和心愿，也知道自己的困难和局限，自己永远具有灵与肉、好与坏、真与伪、友好与孤独、坚定与灵活等等两重性。

自我容纳的人，能够实事求是地看自己，也能正确理解和看待别人的两重性，这样就会抛弃骄傲自大、清高孤僻、鲁莽草率之类导致失败的弱点。我们以这种自我肯定、自我容纳的观念意识付诸行动，就能从自身条件不足和所处环境不利的局限中解脱出来，去说自己想说的话，去做自己想做的事，不必藏拙，不怕露怯，即使明知在某方面不如别人，只要是自己想做的事，也会果敢行动，我行我素。因为任何一个人只有经过东倒西歪、羞怯紧张、让自己像个笨蛋那样的阶段，才能学会走路、讲话、游泳、滑冰、骑车、跳舞等等一切本领和技能。

任何人都有缺点和弱点，任何人也都是无知无能的，只不过表现在不同的事情上而已。因而，人人在自我表现和交际中都会有笨拙的表现。有些人由于不能实事求是地对待自己的缺点，拿出勇气去革新自己、突破自己，所以，他们情愿不做事、不讲话、不交际，也不愿意在别人面前暴露自己的弱点。如在灯火绚丽、乐曲悠扬的宴会厅里，他们很想站起来跳舞，可是怕别人笑话自己笨拙，宁愿做一晚上的看客。跳得好的人越多，他们就越鼓不起勇气。

美国著名的管理学家彼得·德鲁克在《有效的管理者》一书中写道："倘要所有的人没有短处，其结果最多是一个平庸的组织。所谓'样样都行'，必然'一无是处'。才干越高的人，其缺点往往也越明显，有高峰必有深谷。"

　　谁也不可能十项全能，与人类现有的博大的知识、经验、能力的汇集总和相比，任何伟大的天才都不及格。一位经营者如果只能见人之所短而不能见人之所长，从而刻意于挑其短而不着眼于其长，这样的经营者本身就是弱者。有些人，搞不清楚为什么要放弃完美。尽管追求完美而达不到理想的目标，但总可以促使自己有所改进和提高吧！我们要有所改进和提高，必须要通过一个重要的环节，就是学会自我接受、自我肯定。因而，我们只有放弃完美，才能树立起自信自爱的意识，才能真正地认识和确立自己的价值、选择和追求。

第六章　青春很美，但却与完美无关

第七章

青春短暂

别迷失在错误的追求里

这个社会，金钱、名誉、地位常常被作为衡量一个人成功与否的标准，为了得到它们，人们会经历很多痛苦，甚至走上犯罪道路。事实上，能使一个人满足的东西可以很多，也可以很少。青春短暂，转瞬来去，就像是偶然登台、仓促下台的匆匆过客。既然如此，活着就要珍惜人生，别让自己迷失在错误的追求里。

1. 我们必须正视金钱的作用

> 人生必不可少的东西其实是很少的。认识清楚了这一点，我们就可以活得从容一些，不那么忙碌，不那么心浮气躁。

谁都会有需求与欲望，但这要与本人的能力及社会条件相符合。不要搞攀比，俗话说"人比人，气死人"，始终处在比较当中，就始终无法快乐，因为总有人会比你过得更好。人的欲望是无止境的，我们可以尽量满足自己的需求，但却必须抑制那无限膨胀的欲望。"知足常乐"不应该只是说说，真的能做到"知足"便不会有非分之想，做到"常乐"也就能保持心理平衡了。

有一户从农村来城里打工的人家，男人做的是城里人都不愿做的清洁工，每天的工作就是往垃圾站转运垃圾；女的刚来时怀有身孕，生了孩子后，就出去给人擦皮鞋。他们租住的房子，是一户人家在围墙边搭盖的简易房，房子很小，里面只能放下一张双人床。他们的家具都是别人丢弃的，根本就放不进房间里面，只能放在屋外。就连吃饭的桌子也没有，有了也没地方放，他们只能在屋外吃饭，有时将碗放在板凳上，有时干脆把炒菜的锅当碗用。

他们属于那种城市贫民，是城市里的边缘人，可是他们看上去没有一点愁苦的感觉。他们住的地方是宿舍大院的大门口，经常人来人往，那男的每天哼着小曲，忙进忙出，跟来来往往的人们打着招呼、聊着天，而且有求必应，特别热心，也特别快乐。他们觉得他们的需求已经得到了满足，所以，他们很知足。

这对夫妻的物质财富与那些腰缠万贯的人比起来可谓是少之又少，可他们的快乐却比那些人多了许多，这是为什么？

其实人的实际需求是很低的，远远低于人的欲望。我们的房子再多再大，也只能在一间屋子里，一张床上睡觉；把世界上所有的山珍海味都摆在桌子上，我们也只能吃下胃那么大小的东西；我们的衣柜里挂满了各式各样的名牌时装，也只能穿一套在身上；我们的鞋子有无数双，也只能穿一双在脚上；我们的汽车有无数辆，也只能开着一辆在街上跑……

可是，人们追求物质享受的那种欲望是无穷尽的，买了大房子还想买更大的房子；屋子装修了一遍又一遍；车换了一辆又一辆；家具换了一套又一套；家用电器更新了一代又一代。不是因为别的，只是因为有钱，只是希望那些东西、那些身外之物看上去更气派、更豪华、更先进。

每个人都有选择自己生活方式的权利，这无可厚非。但如果让那无限膨胀的追求财富的欲望，影响了我们的健康、我们的爱情、我们的婚姻、我们的家庭、我们的快乐，让我们整天为此疲于奔命、寝食难安，带给我们无限的烦恼，更有甚者，这种欲望变成了一种无法满足的贪欲，并促使有些人走上了犯罪道路，不仅毁掉了自己的一生，甚至还搭上了性命，那么这种生活方式对我们来说就太不值得了！

"一念之欲不能制，而祸流于滔天。"这是源于《圣经》的经典语句。世界其实很简单，钱本无善恶，只是我们想要得太多，便成了罪恶的祸首。我们必须正视钱的作用，要知道，钱能买到房子，但买不到家；钱能买到药品，但买不到健康；钱能买到床，但买不到休息——钱不是万能的。

2. 过多的金钱常常让人失去平静

假如我们拥有的仅仅是满足我们生活的东西，我们就不必为多余的东西感到惶恐；假如我们每天能为满足了生活的需要而感到快乐，我们就不会因为感到缺失而痛苦。过多的金钱常常会破坏我们原本平静的生活，让我们不再安宁。

有个穷理发师，他非常快乐，似乎只有神仙才能这么快乐，他没有什么可担心的。他是国王的理发师，经常给国王按摩，修剪他的头发，整天服侍他。

甚至国王都觉得嫉妒，就问他："你快乐的秘密是什么？你总是兴致勃勃的，好像不是在地上走，简直是在用翅膀飞。这到底有什么秘密？"

穷理发师说："我不知道。实际上，我以前从来没听说过'秘密'这个词。您说的是什么意思呢？我只是快乐，我赚我的面包，如此而已……然后我就休息。"

后来国王问他的首相——一个学识非常渊博的人。

国王问他："你肯定知道这个理发师的秘密。我是一个国王，我还没有这么快乐呢，可是这个穷人，一无所有，却总是这么快乐。"

首相说："那是因为他并未置身于那种恶性循环之中。"

国王问："什么恶性循环？"

首相笑了，说："您在这个循环里面，但是您不了解它。让我们做一件事情来证明这种恶性循环的存在吧。"

晚上，他们把一个装有99块金币的袋子扔进理发师的家里。

第二天，理发师掉进地狱里了，他忧心忡忡起来了。事实上，他整个晚上都没有睡，一遍又一遍地数着袋子里的钱——99块。他太兴奋了——当你兴奋的时候，你怎么能睡得着呢？心在跳，血在流。他的血压肯定很高，他肯定很兴奋，翻来覆去睡不着。他一再地起床，摸摸那些金币，再数一次……他从来没有数金币的经验，而99块又是一个麻烦——因为当你有99块的时候，一块金币是一个很难弄到的东西。他一天所挣的钱应付生活是足够了。但一块金币却也相当于他近一个月的收入。怎么能弄到一块金币呢？他想了很多办法——一个穷人，对钱没有多少了解，他现在陷入困境了。他只能想到一件事情：他要断食一天，然后吃一天，这样，渐渐地，他就可以攒够一块金币。然后有100块金币就好了……

他头脑中有一种愚蠢的想法：它必须变成100块。

他很忧郁。第二天他来了——他没有在天上飞，他深深地站在地上……不仅深深地站在地上，还有一副沉重的担子，一个石头一样的东西挂在他的脖子上。

国王问："你怎么了？你看起来很焦虑。"

他什么也不说，因为他不想谈论那个钱袋。他的情形每况愈下，他不能好好地按摩——他没有力气，他在断食。

于是国王问："你在干什么？你现在好像一点力气也没有，你看起来这么忧郁、苦闷，到底发生什么事了？"

终于有一天，他不得不告诉了国王。因为国王坚持说："你告诉我，我可以帮助你，你只要告诉我发生什么事了。"

他说："我陷入了一种恶性循环中，我现在是这种恶性循环的受害者。"

原本快乐的理发师，在金钱面前，因为缺少了一颗平常心，既拿不起又放不下，既输不得又赢不到。心境失去平静，生活失去平和，整个人就像老式座钟上的钟摆，永远不得安宁地在两极情绪间起落挣扎，品尝着绵绵无尽的焦虑与惶恐、无奈与苦涩、疲惫与怨怒、失落与惆怅，最终陷入了恶性循环当中。

3. 培养自己抵御诱惑的能力

> 金钱的诱惑常常存在于我们的身体里，时不时地出来"发作"一下。我们应该培养自己抵御诱惑的能力，这就要求我们要有一颗平常心，不为金钱所动。我们需要金钱，但不能被金钱迷了眼睛。

要生存、要立足、要成器，不可能不与金钱打交道。现代社会，钱成了个人价值的证明，拥有金钱的好处明明白白地放在那里。

有一位年轻人，因为家贫，大学毕业之后就下海经商。后来，他的弟弟不幸身染疾病，住进了医院。在花费了两三万元医药费之后，他的弟弟身体康复了。医生说，有一些症状较他弟弟还轻的病人，因为没有钱及时治疗导致病情恶化。

于是，这位年轻人非常感慨。他说，若是还处在过去那样的生活条件中，家里万万拿不出这么多钱给弟弟治病。可见钱可以发挥很大的功效，实在是不可缺少的。

是的，有了钱，每天不必为生计发愁，不必担心吃了这顿没下顿。

有了钱，在身体不好的时候，可以花钱治病保健康，可以在明媚的阳光下奔跑、欢唱。

有了钱，可以用出租车代步，可以给亲朋好友送上精美的礼物以表达情意，还可以与三五好友一起远足，游山玩水，寄情于山水之间。

有了钱，还可以拥有更多漂亮的衣服，可以使异性的目光在自己身上频频停留。不必否认金钱给生活带来了崭新的面貌。

当然，也有金钱买不到的东西。金钱买不来到达真理彼岸、物我两忘的精神境界；金钱买不来手足亲情，买不来无私的爱心，买不来朋友间的和睦与和谐；金钱买不来愉悦豁达的心境，买不来发自内心的微笑，买不来孩童般澄澈的眼眸。

生活中种种至真至善至美的事物，都无法用金钱来做交易。少了这些至真至善至美，人生就会变得乏味枯燥。

因而，身处贫穷的我们，对金钱更需要，但同时也不能被金钱迷了眼睛。

身处贫穷的我们，无需独自怨恨命运的不公，更应该看看今日富裕的他们曾经走过的道路，寻找从贫穷中解脱自己的钥匙。

走过贫穷的日子，依然拥有健康的心态，是一种难得的平常心。

意外的财富并未给人们带来想象中的快乐。一个美国家庭原本谈不上富裕，但夫妻相亲相爱。后来他们购买的彩票中了头奖，凭空而得一笔巨额奖金。丈夫想从此结束劳作，妻子则坚持一如既往地生活。金钱破坏了家庭的和谐，一对夫妻从此劳燕分飞。拥有了一大笔钱的丈夫可以寻找新的伴侣，可他总是担心别人是冲着他的钱而去。就这样，他并没有得到想象中的快乐，反而整天守着一大堆金钱发愁。

对那些有着来路不明财富的人，贫穷的我们丝毫不羡慕他们的富有。因为在贫穷的环境中形成的幸福观，使我们无法在不正当的财富聚敛中体验到真正的幸福和快乐。

4. 求名并无过错，关键要把握尺度

> 君子当求善名、走善道、行善事，如此才内心踏实。
> 为求虚名，弃君子之道，做小人勾当，内心必胆战心惊，
> 做事定失方寸气度，早晚会败露劣行。

俗话说"雁过留声，人过留名"，谁也不想默默无闻地活一辈子，所谓人各有志，就是这个意思。

客观地说，求名并非坏事。一个人有了名誉感就有了进取的动力；有名誉感的人同时也有羞耻感，不想玷污自己的名声。但是，什么事都不能过分追求，过分追求又不能一时获取，求名心太切，有时就容易产生邪念，走歪门。结果名誉没求来，反倒臭名远扬，遗臭万年。

唐朝诗人宋之问，有一个外甥叫刘希夷，很有才华，是一个年轻有为的诗人。一日，刘希夷写了一首诗，曰《代白头吟》，到宋之问家中请舅舅指点。当他诵道"古人无复洛阳东，今人还对落花风。年年岁岁花相似，岁岁年年人不同"时，宋情不自禁连连称好，忙问此诗可曾给他人看过，刘希夷告诉他刚刚写完，还不曾与人看。宋遂道："你这诗中'年年岁岁花相似，岁岁年年人不同'二句，着实令人喜爱，若他人不曾看过，

让与我吧。"刘希夷言道:"此二句乃我诗中之眼,若去之,全诗无味,万万不可。"晚上,宋之问睡不着觉,翻来覆去只是念这两句诗。心中暗想,此诗一面世,便是千古绝唱,名扬天下,一定要想法据为己有。于是起了歹意,命手下人将刘希夷活活害死。后来,宋之问获罪,先被流放到钦州,又被皇上勒令自杀,天下文人闻之无不称快!刘禹锡说:"宋之问该死,这是天之报应。"

君子当求善名、走善道、行善事,如此才内心踏实。为求虚名,弃君子之道,做小人勾当,内心必胆战心惊,做事定失方寸气度,早晚会败露劣行。古今中外,为求虚名不择手段,最终身败名裂的例子很多,确实发人深思;有的人已小有名气,还想名声大振,于是邪念膨胀,连原有的名气也遭人怀疑,更是可悲。

在中世纪的意大利,有一个叫塔尔达利亚的数学家,在国内的数学擂台赛上享有"不可战胜者"的盛誉,他经过苦心钻研,找到了三次方程式的新解法。这时,有个叫卡尔丹诺的人找到了他,声称自己有千万项发明,只有三次方程式对他是不解之谜,并为此而痛苦不堪。善良的塔尔达利亚被哄骗了,把自己的新发现毫无保留地告诉了他。谁知,几天后,卡尔丹诺以自己的名义发表了一篇论文,阐述了三次方程式的新解法,将成果据为己有。他的做法在相当长的一个时期里欺瞒住了人们,但真相终究还是大白于天下了。现在,卡尔丹诺的名字在数学史上已经成了科学骗子的代名词。

宋之问、卡尔丹诺等也并非无能之辈,他们在各自的领域里都是很有建树的人。就宋之问来说,纵不夺刘希夷之诗,也已然名扬天下。糟的是,人心不足,欲无止境!俗话说,钱迷心窍,岂不知名也能迷住心窍。一旦被迷,就会使原来还有一些才华的"聪明人"变得糊里糊涂,使原来还很清高的文化人变得既不"清"也不"高",做起连老百姓都不齿的肮脏事情,以致弄巧成拙,美名变成恶名。看来,太过在乎"名"这个东西,的确不是好好生活的先决条件。

其实,求名并无过错,关键是不要死死盯住不放,盯花了眼。那样,必然会走上沽名钓誉、欺世盗名之路。

有时,既未沽,也未钓,更未盗,美名便戴到了自己的头顶,但是,不属于自己的美名,得到了也会使人感到不安,内心的平静必然会遭到破坏,生活也就不会自在了。面对这样突如其来的"美名",一定要学会理智地对待。

著名的京剧演员关肃霜,有一天在报纸上看到一篇题为:《关肃霜等九名演员义务赡养失子老人》的报道,同时收到了报社寄来的湖北省委顾问李尔重写的《赞关肃霜等九同志义行之歌》的诗稿校样。这使她深感不安。原来,京剧演员于春海去世后,母亲和继父生活无靠,剧团的团支部书记何美珍提议大家捐款义务赡养老人,这一活动持续了23年,关肃霜开始并不知晓,是后来知道并参加的。但报道却把她说成了倡导者,这就违背了事实。关肃霜看到报道后,立即委托组织给报社写信,请求公开澄清事实。李尔重也尊重关肃霜的意见,将诗题改成"赞云南省京剧院施沛、何美珍等二十六位同志"。

关肃霜的做法是让人敬重的,她虽然没得到更多的美名,却得到了内心的安宁,这种安宁比美名更能让人自在地生活。

二次世界大战期间,美军与日军在硫磺岛展开了激战,最后美军将日军打败,把胜利的旗帜插在了岛上的主峰,心情激动的陆战队员们,在欢呼声中把那面胜利的旗帜撕成碎片分给大家,以作终生的纪念。这是一个十分有意义的场面,随后赶来的记者打算把它拍下来,就找来六名战士重新演出这一幕。其中有一个战士叫海斯，是一个在战斗中表现极为普通的人，可是由于这张照片的作用，使他成了英雄，在国内得到一个又一个的荣誉，他的形象也开始印在邮票、香皂等物品上面，家乡也为他塑了雕像。这时他的内心是极为矛盾的：一方面陶醉在赞扬中，一方面又怕真相被揭露；同时，由于自己名不副实，又总是处在一种内疚、自愧之中。在这样的心理状态下，他每天只好用酒来麻醉自己。终于，在一天夜里，他穿好军装，悄悄地离开了对他充满赞美的人世。

同样是得到了飞来之美名，关肃霜和海斯的态度不同，结局也各异。还是苏东坡先生说得好："苟非吾之所有，虽一毫而莫取。"美名美则美矣！只是对于那些还有一点正义感、有一点良知的人，面对不该属于他的美名，受之可以，坦然却未必办得到！得到的是美名，得到的也是一座沉重的大山，一条捆缚自己的锁链，自己早晚会被压垮，压得喘不上气来。像关肃霜就活得真实、活得轻松、活得自在、活得安然。

如此看来，不论怎样的美名，我们都要理智对待，唯有如此我们才可能踏踏实实地走好自己的人生路。

第七章 青春短暂，别迷失在错误的追求里

5. 心态平和，才能正确地看待人生

> 具有平和心态的人，能够正确地看待人生，他们不会
> 为权力、地位、金钱的诱惑而放弃人生的道德准则，他们
> 的心境坦然而又平实。拥有平和心态的人，永远可以保持
> 悠然、恬静和健康的身心。

平和的心态是人们在生活中经过千锤百炼而达到的一种崇高的境界，一种高深的修养。具有平和心态的人，能够正确地看待人生，他们不会为权力、地位、金钱的诱惑而放弃人生的道德准则，他们的心境坦然而又平实。拥有平和心态的人，永远可以保持悠然恬静、健康从容的身心。

被西方誉为"美国国父"的乔治·华盛顿，就是一位心胸坦然、心态平和的人。

美国独立战争胜利后，华盛顿以他拒当国王的行为，维护了共和制，迈开了创建民主共和制国家坚实的第一步。第二步，他主持制宪会议，制订出具有丰富民主因素的美国宪法。1787年的《美国宪法》是世界上第一部完整的资产阶级成文宪法，是一部进步的、稳定的、受历代美国人民尊重的宪法。

1789年2月，华盛顿当选为总统。此时的华盛顿在给妻子的信中写道："你应当相信我，我以最庄严的方式向你保证，我没有去谋求这个职位，相反，我已经尽我所能竭力回避它，除了因为我不愿意与你和家人离别，更重要的是，因为我自知能力不足，难以胜任此重任。我宁愿与你在家中享受一个月人间的天伦之乐，这比我在异乡待49年所能找到的欢乐要多得多。既然命中注定委任于我，我希望能够通过接受此任来实现某种崇高的目的……这个秋天我一定安然无恙地回到你的身边。我不会因为征战的艰辛和危险而感到痛苦。你独自一个人在家里，我知道你会感到不安，这将使我忧心忡忡。正因为如此，我求你鼓足勇气，尽可能欢度时光。再也没有什么比你的亲笔信更加让我心满意足。"

两个多月后，他到临时首都纽约，准备上任。这时却冒出一个上"尊号"的问题。原来，参议院中的一些人提出，为了表示对华盛顿的尊敬和谢意，除了"总统"这一称号，还应再献上一个"尊号"。于是，"民选的君主陛下""民选陛下""最仁慈的殿下""合众国权利的保卫者""合众国总统殿下""美利坚合众国总统殿下"和"美利坚合众国权利的护国主"等"尊号"便被提出来了。有人还称，副总统、参议员和众议员也应有相应的"尊号"。一些已当选的虚荣心极重的官员，对此事异常热心，一时之间闹得沸沸扬扬。华盛顿不赞成用"尊号"，对上"尊号"的人极为厌烦。他认为，无论给总统添加什么"尊号"，都会带来负面影响。直接的后果是引起拥护共和制的人们的怀疑和忧虑，使他们对总统和新政府失去好感。由于华盛顿的反对，加之众议院有不同的意见，最后参、众两院决定按宪法规定的正式称号，直呼华盛顿为"合众国总统"，不加其他任何"尊号"。这一称呼从此成为定式，沿用至今。

在华盛顿看来，由选举产生的各名官员都必须实行任期制，这是民主的一个重要体现。既然1787年《美国宪法》规定总统任期为四年，期满卸任，理所当然。华盛顿说："依我看，除非道德败坏、政治堕落已到不可救药的地步，否则总统延长任期的阴谋，绝无可能得逞。哪怕一时片刻，亦无可能——更不必说永久留任了。"作为第一任总统，华盛顿的任期应至1793年3月3日结束。他不仅做好了期满卸任的准备，而且提前宣布不谋求竞选连任总统。他之所以作出这种选择，固然与厌倦党派斗争、身体状况欠佳有关，但更重要的是他希望为"民选官员的更迭"树立一个榜样，为建立民主共和制的试验画上一个圆满的句号。他认为，如果一直到停止呼吸才由副总统继任，这不就是终身制了吗？那和君主政体又有什么区别呢？虽然由于各方面的拥护与要求，华盛顿又担任了一届总统，但在第二届任期结束前一年，他就明确表示绝不再连任。

1796年9月，他出人意料地在费城一家报纸上刊登"告别演说词"，向公众正式表达他的这一意愿。次年3月3日，在告别晚宴上，他"最后一次以公仆的身份为大家的健康干杯"。六天后，他带领家人踏上了返回自己庄园的归程。

其实，《美国宪法》只规定了每届总统的任期，并未对总统连任规定任何限制。从华盛顿的情况看，他若想连任下去不会有什么问题，甚至思想激进、民主意识鲜明的杰弗逊也曾认为华盛顿可以成为终身总统。但为了更圆满地实践民主共和制，华盛顿以自己的行动排除了总统终身制。这就开创了总统任职以两届为限的先例。在美国历史上，只有富兰克林·罗斯福连任四届总统，但这是特殊时期的一个特例。况且第二次世界大战后，美国国会通过宪法第22条修正案，重新恢复华盛顿以实际行动立下的老规矩，明文规定："任何人不得被选任总统两届以上。"

华盛顿离职以后，将自己离职以来的感受以明快的笔调告诉了大西洋彼岸的拉法叶特："亲爱的侯爵，我终于成了波托马克河畔的一位普通的老百姓了，在我自己的葡萄架下乘荫纳凉，听不到军营的喧闹，也见不到公务的繁忙。我此刻正在享受着宁静而快乐的生活。而这种快乐是那些孜孜不倦地追逐功名的军人们，那些朝思暮想着图谋划策、不惜灭他国以谋私利的政客们，那些时时刻刻察言观色以博君王一笑的大臣们所无法理解的。我不仅仅辞去了所有的公务，而且内心也得到了彻底的解脱。"华盛顿退休之后安详平和地在乡间过着逍遥自在的田园生活，他做着自己爱做的事情，诸如农田试验、环境布置，甚至还提出并实施了美国西部开发的计划。在拥有大量私人时间的条件下，他能够最大限度地享受个人的心理空间。

权力、地位、财富，很少有人能够抵抗住它们的诱惑，而华盛顿不为所动，放弃了自己称帝，拒绝了许多手下向其献媚的冠冕堂皇的称呼，对于权力并不沉迷，这一系列的行为没有平和的心态是不可能做到的。正因如此，他得到了美国人深深的怀念和长久的尊敬。

当心态有了平和而又不失进取的弦音时，许多棘手问题便可迎刃而解。问题解决之后，还可以从容身退，将光环让给别人，把自在留给自己。

6. 能使一个人满足的东西可多可少

> 每个人都有自己的活法，对个人而言，各有各的追求；对社会而言，各有各的贡献。一个快乐的人不一定是最有钱、最有权的，但一定是最聪明的，他的聪明就在于他懂得人生的真谛：花开不是为了花落，而是为了灿烂。

在属于自己的生活环境里，在完全属于自己支配的世界里，你不仅是唯一的思想者和决策者，也是唯一的执行者。

在现实生活中，名誉和地位常常被作为衡量一个人成功与否的标准，所以追求一定的名声、地位和荣誉，已成为一种极为普遍的现象。在很多人心目中，只有有了名誉和权力才算是实现了自身价值。

事实上，能使一个人满足的东西可以很多，也可以很少。人生天地之间，转瞬来去，就像是偶然登台、仓促下台的匆匆过客。人生既然如此短暂，活着就要珍惜人生，不要贪图权势。

我国著名人口学家马寅初先生就是一个淡泊名利、宠辱不惊的人。

当年，马老因"新人口论"遭遇无端的批判，并被错误地撤销北大校长职务。那天，他正在家里接受"隔离审查"，他的儿子从外面回来，说："爸，你被撤职了！"

他当时正在看一本书，就淡淡地答了一声："噢！"十几年后，国家为马寅初先生平反昭雪，又恢复了他北大校长一职。他的儿子又从外面回来，告诉他："爸，你官复原职了！"他当时也是在看一本书，也同样淡淡地答了一声："噢！"视荣辱为等闲，置得失为莞尔，这是什么？这就是持久的心理定力。这种定力，不是轻易就可具备的，它需要接受深刻的心灵修炼，既包括意志、信念的修炼，也包括品行、人格的修炼，甚至还包括心灵的磨难。磨难让人成熟，过去常说："穷人的孩子早当家"，就是这个道理。磨难让人更坚定信念，让人更珍惜幸福，所以磨难不是灾难，它从某种意义上说是人生中最不可多得的财富。

历经磨难的心灵，才能宠辱不惊、得失自若。

意志、信念、品行、人格的修炼及心灵的磨难都需要一个持久的过程，这样，才能具备一定的定力。

这种定力是一种心态，同时也是一种方法，一种心灵的方法，一种坚持的方法。实际上，这种方法的核心就是胜不骄败不馁。它的哲学基础是"塞翁失马，焉知非福"；它的心理学基础是"所谓心理健康就是任何情况下都能保持稳定的平常之心"；它的数学基础就是"直线永远比曲线更直接便捷"；它的美学基础就是"对称与平衡可以产生一种极为轻松的心理反应"；它的宗教学基础就是"安详是禅的生命，是法的限量，是生命的源头活水"。

作为一种心灵方法，这种定力主要表现为：

（1）事情成功，不会大喜过望，而是沉着冷静，神情自若；

（2）遭遇挫折之时，依然如故，坚定如初；

（3）环境改变，不惊不喜，心态平静；

（4）条件发生变化，能一如既往，继续坚持；

（5）合作对象有所变化不能产生不必要的情绪波动；

（6）失恋后要心态平稳，不能悲观厌世，要相信缘分，明白"天涯何处无芳草"的道理；

（7）如果突然遭遇险情，要临危不惧，万不可心惊胆战，要坚持求生，永不丧失希望。

总之，淡泊名利是事业成功、学业有成所不可忽视的法则。如果一味地争名夺利，不但不会使你流芳千古，甚至可能会让你身败名裂。

焦耳，这个名字我们都很熟悉。从1843年起，焦耳提出"机械能和热能相互转化，热只是一种形式"的新观点，这无疑促进了科学的进步。他前后用了近四十年的时间来测定热功当量，最后得到了热功当量值。

事实上，与焦耳同时代的迈尔是第一个发表能量转化和守恒定律的科学家。当迈尔等人不断地证明能量转化和守恒定律的正确性，终于使得这一定律被人们承认的时候，名利欲望的膨胀驱使焦耳向迈尔发起了攻击。焦耳发表文章批评说，迈尔对于热功当量的计算是没有完成的，迈尔只是预见了在热和功之间存在着一定的数值比例关系，但没有证明这一关系，首先证明这一关系的应该是他。随着焦耳发起的这场争论的扩大化，一些不明真相的人也一哄而上，纷纷对迈尔进行了不负责任的错误指责。迈尔终于承受不住这一争论和批评带来的压力，特别是焦耳以迈尔测定热功当量的精确性来否定他的科学发现时，使得迈尔陷入了有口难辩的痛苦境地。这时，迈尔的两个孩子也先后因故夭折，内外交困中的迈尔跳楼自杀未遂，后来得了精神病。

虽然当年的迈尔被逼进了疯人院，但今天人们仍然将他的名字与焦耳并列在能量转化和守恒定律奠基者的行列中。焦耳为争夺名利而攻击他人，则被人们世世代代所谴责。

每个人都有自己的活法，对个人而言，各有各的追求；对社会而言，各有各的贡献。一个快乐的人不一定是最有钱、最有权的，但一定是最聪明的，他的聪明就在于他懂得人生的真谛：花开不是为了花落，而是为了灿烂。可遗憾的是，在现代社会生活中，依然有许多人不但对功名利禄趋之若鹜，甚至把它看成是一个人全部的生存价值。

无可否认，进入了权力中心的人，自有许多政治的、物质的、名誉的利益，不但能有权，还可以享受。正因为有利益、有诱惑，才会有那么多人奋不顾身地去追求。为官当政，有权有势，能够比普通人有更多的机会左右一个城市、一个乡镇、一个单位的历史，所以有一种干大事的感觉。因此，在我们的现实生活中，想方设法谋官的人，可以说是摩肩接踵。尽管当上官很得意、很快乐，可是权力也伴随着许多的烦恼和风险，有权在手所受约束也大。那些当不上官的人，他们不但自己饱尝无奈、愁闷、痛楚，还给家庭罩上了挥之不去的阴影。所以说，人生诸多烦恼和祸患多由贪婪权势引起。因此追求名誉和权力的时候，更应该铭记的是"君子爱财、爱名、爱权都得取之有道"。

人生在世，人人都想活得更好。人们总是在各种可能的条件下，选择那种能为自己带来较多幸福或满足的活法。所以，除了追名求利外，人生还有另一种活法，那就是甘愿做个淡泊名利之人，粗茶淡饭，布衣短褐，以冷眼洞察社会，静观人生百态。这样，才能品味出生命的美好，享受到生活的快感。

有的人既不求升官，也不求发财，每天上班安分守己做好本职工作，下班按时回家，每个月领着不多不少还算说得过去的一份工资。晚上陪爱人在家里看看电视，周末带孩子逛逛公园，年轻的时候打打篮球，年纪大点练练太极拳，不生气，不上火，知足常乐，长命百岁。这样的人生可能看起来有些"平庸"，但其中的那份"闲适"给人带来的满足，也是那些整日奔波劳累、费心劳神、追求功名利禄之人所体会不到的。所以，国王会羡慕在路边晒太阳的农夫，因为农夫有着国王永远不会有的安全感，而要有农夫那样的安全感就不能有国王的权势。

功成名就从一定意义上来讲并不难，只要用勤奋和辛劳就可以换取，把别人喝咖啡的时间都用来拼搏。就一般情况而言，你多得一份功名利禄，就会少得一份轻松悠闲。而一切名利，都会像过眼烟云，终究会逝去，人生最重要的，还是一个温馨的家和脚下一片坚实的土地。

旷世巨作《飘》的作者玛格丽特·米切尔说过："直到你失去了名誉以后，你才会知道这玩意儿有多累赘，才会知道真正的自由是什么。"盛名之下，是一颗活得很累的心，因为它只是在为别人而活着。我们常羡慕那些名人的风光，可我们是否了解他们的苦衷呢？

所以，学会以淡泊之心看待权力、地位，不仅是免遭厄运和痛苦的良方，也是一种超然于世外的智慧。

7. 合理地放弃一些东西，该收手时就收手

> 人生是一场旅行，当行囊过于沉重时，就应该丢掉一些累赘的东西，只有适当地放弃才能让你轻松自在地面对生活。

相传，有一次苏格拉底带着他的学生来到了一个山洞里，学生们正在纳闷，他却打开了一座神秘的仓库。这座仓库里装满了放射着奇光异彩的宝贝。仔细一看，每件宝贝上都刻着清晰可辨的字，分别是：骄傲、嫉妒、痛苦、烦恼、谦虚、正直、快乐……这些宝贝是那么漂亮，那么迷人。这时苏格拉底说话了："孩子们，这些宝贝都是我积攒多年的，你们如果喜欢的话，就拿去吧！"

学生们见一件爱一件，抓起来就往口袋里装。可是，在回家的路上他们才发现，装满宝贝的口袋是那么沉重，没走多远，他们便感到气喘吁吁，两腿发软，脚步再也无法挪动。苏格拉底又开口了："孩子们，还是丢掉一些宝贝吧，后面的路还很长呢！""骄傲"丢掉了，"痛苦"丢掉了，"烦恼"也丢掉了……口袋的重量虽然减轻了不少，但学生们还是感到很沉重，双腿依然像灌了铅似的。

"孩子们，把你们的口袋再翻一翻，看看还有什么可以扔掉一些。"苏格拉底再次劝那些学生们。学生们终于把最沉重的"名"和"利"也翻出来扔掉了，口袋里只剩下了"谦逊""正直"和"快乐"……一下子，他们有一种说不出的轻松和快乐。

人的欲望就像个无底洞，任万千金银也是难以填满的。欲望是需要用"度"来控制的。人有适当的欲望是一件好事，因为欲望是追求目标与前进的动力，但如果给自己的心填充过多的欲望，只会加重前行的负担。人贪得越多，附加在心上的负担也就越重，可明知如此，许多人却仍然根除不了人性劣根的限制。对于真正享受生活的人来说，任何不需要的东西都是多余的。适当放下是一种洒脱，是参透人性后的一种平和。背负了太多的欲望，总是为金钱、名利奔波劳碌，整天忧心忡忡，又怎么能有快乐呢？只有放下那些过于沉重的东西，才能得到心灵的放松。

一个人需要的其实十分有限，许多附加的东西只是徒增无谓的负担而已，人们需要做的是从内心爱自己。曾有这么一个比喻："我们所累积的东西，就好像是阿米巴变形虫分裂的过程一样，不停地制造、繁殖，从不曾间断过。"而那些不断膨胀的物品、工作、责任、人际关系、家务占据了你全部的空间和时间，许多人每天忙着应付这些事情，早已喘不过气来，每天甚至连吃饭、喝水、睡觉的时间都没有，也没有足够的空间活着。

拼命用"加法"的结果，就是把一个人逼到生活失调、精神濒临错乱的地步。这时候，就应该运用"减法"了！这就好像参加一趟旅行，当一个人带了太多的行李上路，在尚未到达目的地之前，就已经把自己弄得筋疲力尽。唯一可行的方法，是为自己减轻压力，就像扔掉多余的行李一样。

著名的心理大师荣格曾这样形容："一个人步入中年，就等于是走到'人生的下午'，这时既可以回顾过去，又可以展望未来。在下午的时候，就应该回头检查早上出发时所带的东西究竟还合不合用，有些东西是不是该丢弃了。理由很简单，因为我们不能照着上午的计划来过下午的人生。早晨美好的事物，到了傍晚可能显得微不足道；早晨的真理，到了傍晚可能已经变成谎言。"或许你过去已成功地走过早晨，但是，当你用同样的方式走到下午时，却发现生命变得不堪负荷，坎坷难行，这就是该丢东西的时候了！

旁观者清，当局者迷。对于人性的弱点，每个人都有足够的了解，而一旦置身其中选择取舍时往往就不是那么一回事了。这不单是"不识庐山真面目，只缘身在此山中"，这也是人性的一种悲哀。人生中该收手时就要收手，切莫让得到也变成了另一种意义上的失去。合理地放弃一些东西吧，因为只有这样我们才能得到更珍贵的东西。

第七章 青春短暂，别迷失在错误的追求里

8. 生命需要的仅仅是一颗心脏

> 培根曾说："不要追求炫耀的财富，仅寻求你可以用正当手段得来，庄重地使用、愉快地施予、安然地遗留的那种财富。"有梦想去追求固然好，但有时候需要休息一下。不要等到真的累了，才突然发现错过了比梦想更重要的东西。

《读者》上曾经登载过这样一个故事：美国历史上最胖的好莱坞影星利奥·罗斯顿因演出时突然心力衰竭被送进汤普森急救中心。医务人员用尽一切办法也没能挽回他的生命。罗斯顿临终前喃喃自语："你的身躯很庞大，但你的生命需要的仅仅是一颗心脏！"

作为一名胸外科专家，哈登院长被罗斯顿的这句话深深打动，他让人把它刻在了医院的大楼上。

后来，美国石油大亨默尔也因心力衰竭住进了这个急救中心。默尔工作繁忙，他在汤普森医院包了一层楼，增设了五部电话和两部传真机。当时《泰晤士报》称这里为美洲的石油中心。

默尔的心脏手术很成功，但他出院后没有回美国，没有继续他的石油生意，而是住在了苏格兰乡下的一栋别墅中，并且卖掉了自己的公司。他被医院楼上刻着的罗斯顿的话深深打动了。他在自己的自传中写道："富裕和肥胖没什么两样，都不过是获得了超过自己需要的东西罢了。"

默尔是伟大的，他能及时醒悟，领悟到人生的真谛。现实生活中，又有多少人执迷不悟，任那欲望无休止地膨胀下去，以致让生命超载啊？人往往都是这样，只有面临生死抉择的时候才大彻大悟，才感到生命比什么都重要。

芸芸众生，能坦然面对生命的少，能舍弃名利的更少，生活中不乏看重名利胜于生死者。人只有打透生死关，才能看破名利的虚妄性。其实，生活未必都要轰轰烈烈，平平淡淡才是真。只要宁静安详地度过，生命就像一条清澈的小溪，慢慢地流。"云霞青松作我伴，一壶浊酒清淡心"，这种意境不是也很宁静悠然，像清澈的溪流一样富于诗意吗？

生命在平淡中有平淡的美好，这是生活激越的人所渴求不到的。活得激越又如何呢？还不是一样要流向大海。只要有自己生活的境界，不见得要与别人共流。溪流虽小，载得动孩童的纸船；人生苦短，载不动太多的物欲和虚荣。生活本于平淡，归于平淡，而其中的热烈渴望或者痛心失望其实是心灵的失落和迷茫。

苏东坡曾曰："古今如梦，何曾梦觉。"人生如同一场梦，生命中所有喜怒哀乐，所有荣华富贵，都不过是梦中之梦，何必执着不忍舍弃呢？生命是梦中最美的花朵，快乐和生命是我们最大的拥有，又何必奢求太多呢？

第八章

顺其自然

青春就是不该顾虑重重

　　思前想后、顾虑重重，那是暮年之兆，青春就该高兴笑就笑一下，要哭就哭一场，何必想太多？诗人惠特曼这样说："让我们学着像树木一样顺其自然，面对黑夜、风暴、饥饿、意外等挫折。"这不是逆来顺受，也不是不思进取，这是应对苦难人生的一种智慧，一种让心灵得到放松的智慧。

1. 谁也不知道下一刻是福是祸

> 顺其自然是最好的活法，不抱怨、不叹息、不堕落，
> 胜不骄、败不馁，只管奋力前行，只管走属于自己的路。

《淮南子》中有这样一个故事：有一位住在长城边的老翁养了一群马，一天，其中一匹马忽然不见了，家人们都非常难过，邻居们也都赶来安慰他，而他却无一点悲伤的情绪，反而对家人及邻居们说："你们怎么知道这不是件好事呢？"众人惊愕之余都认为是老人因失马而伤心过度，在说胡话，便一笑了之。

可事隔不久，当大家渐渐淡忘了这件事时，老翁家丢失的那匹马竟然又自己回来了，而且还带回来了一匹漂亮的马，家人喜不自禁，邻居们惊奇之余亦很羡慕，都纷纷前来道贺。而老翁却无半点高兴之意，反而忧心忡忡地对众人说："唉，谁知道这会不会是件坏事呢？"大家听了都笑了起来，都以为是把老头给乐疯了。

果然不出老头所料，事过不久，老翁的儿子便在骑那匹马的时候摔断了腿。家人们都挺难过，邻居也前来看望，唯有老翁显得不以为意，而且还似乎有点得意之色，众人很是不解，问他何故，老翁却笑着答道："这

又怎么知道不是件好事呢？"众人不知他此话何意。

事过不久，战争爆发，所有的青壮年都被强行征集入伍，而战争相当残酷，前去当兵的乡亲，十有八九都在战争中送了命，而老翁的儿子却因为腿跛而未被征用，他也因此幸免于难，故而能与家人相依为命，平安地生活在一起。

这个故事便是"塞翁失马，焉知非福"。老翁的高明之处便在于明白"祸兮福所倚，福兮祸所伏"的道理，能够做到任何事情都能想得开，看得透，顺其自然。顺其自然是一种处世哲学，而且是一种很好很受用的处世哲学。

顺其自然是最好的活法，不抱怨、不叹息、不堕落、胜不骄、败不馁，只管奋力前行，只管走属于自己的路。中国有句俗话叫作"谋事在人，成事在天"，而这种"成事在天"便是一种顺其自然。只要自己努力了、问心无愧便知足了，不奢望太多，也不失望。

顺其自然不是随波逐流，而是应该坚持正常地学习和生活，做自己应该做的事情，在弄明白自己的人生方向后踏实地顺着这条路走下去。有人曾经问游泳教练："在大江大河中遇到旋涡怎么办？"教练答道："不要害怕。只要沉住气，顺着旋涡的自转方向奋力游出便可转危为安。"顺其自然也是如此，它不是"逆流而动"，也不是"无所作为"，而是按正确的方向去奋斗。

顺其自然不是宿命论，而是在遵守自然规律的前提下积极探索；顺其自然不是不作为，而是有所为，有所不为。

人生如同一艘在大海中航行的帆船，偶遇风暴是无法改变的事实，只有顺其自然，学会适应，才能战胜困难。现实生活中我们应该学会顺其自然，学会到什么山头唱什么歌。

2. 淡然地回首过去，平静地迎接将来

> 人活在世上，总想比别人有权，比别人有势，可欲望
> 难以满足，祸患便与之相伴。所以，不如把心放开，烦闹
> 喧哗声后，大起大落之后，淡然地回首过去，平静地迎接
> 将来，这就是难得的好日子了。

《庄子·逍遥游》中写了一个叫宋荣子的人，世上的人们都赞誉他，他不会因此得意忘形，世上的人们都非难他，他也不会因此而沮丧。可见，他能清楚地划定自身与外物的区别，辨别荣誉与耻辱的界限。

为了在世俗生活中更好地保全自我和实现自我，为了更加淡定地生活，超世的精神与情怀是不可少的。超世也就是超然世外，不关心世事的发展及其结果，也不以世俗荣辱为荣辱，不以世俗是非为是非。有了这一份超然，生活自会一派安然。

荣辱观是中华传统伦理学中最基本、最一般的道德范畴，儒道两家都谈到了它。管仲说："仓廪实而知礼节，衣食足而知荣辱。"南宋学者吕本中说："当官之法惟有三事：曰清、曰慎、曰勤。知此三者，可以保禄位，可以远耻辱，可以得上之知，可以得下之援。"

由于荣宠和耻辱的降临往往象征着个人身份地位的变化，所以，人们得宠之时也就是春风得意之时，他们当然唯恐一朝失去，就不免时时处于自我惊恐之中。

得宠的人怕失宠的心理是正常的。一般来说，一个飞黄腾达的人是较少受辱的，所以，一个人在受辱的时候也往往意味着他个人地位的低下。与得宠的荣耀相比，受辱当然是一件丢人脸面的事情，人们普遍认为是一件下贱事，所以，得失之间都不免惊慌失措。另外，当一个人功成名就的时候，就容易欣喜若狂，甚至得意忘形，这就为受辱埋下了祸根，因为他对成就太在意了。所以古代的一些圣者都讲求淡泊名利，这成了保全自己的方法，更是一种修养。

一天，古希腊哲学家第欧根尼在晒太阳，亚历山大皇帝对他说："你可以向我请求你所要的任何恩赐。"第欧根尼躺在酒桶里伸着懒腰说："靠边站，别挡住我的太阳光。"

亚历山大托人传话给第欧根尼，想让他去马其顿接受召见。第欧根尼回信说："若是马其顿国王有意与我结识，那就让他过来吧，因为我总觉得，雅典到马其顿的路程并不比马其顿到雅典的路程近。"

还有一次，亚历山大问第欧根尼："你不怕我吗？"第欧根尼反问道："你是什么东西，好东西还是坏东西？"答："好东西。"第欧根尼说："又有谁会害怕好东西呢？"

征服过那么多国家与民族的亚历山大，却无法征服第欧根尼，他很佩服地感叹道："我如果不是国王的话，我就去做第欧根尼。"

一般情况下，你受宠，是你的能力得到了施展，受人器重，这对你自身、对社会都有益处，尽管这种惊喜仅仅出现在你本人和家人身上。人一旦失宠，如果能保持几分理性，自然能看得开一些，那种惊恐心态也会弱化一些。

庄子说，幸福比羽毛还轻飘，没人知道怎么取得；灾祸比大地还要重，没人知道怎么回避。庄子借楚国狂人接舆之口呼吁："在人前用德来炫耀，真危险啊！真危险啊！"

现实中，就有一些人想不开，总以为自己是有功之臣，就得永远享受优厚的待遇。一些人为了升官，只顾走上层路线，希望得到领导培养，领导说他有发展前途，他兴奋得几夜睡不着觉，可是等了又等，却不见领导来提拔他，他又不知失眠了多少夜。所以，受宠若惊对身体太有害了。

洪应明在《菜根谭》中说："宠辱不惊，闲看庭前花开花落；去留无意，漫随天外云卷云舒。"一个人对于一切荣耀与屈辱都无动于衷，用安静的心情欣赏庭院中的花开花落；对于官职的升迁得失都漠不关心，冷眼观看天上浮云随风聚散，那活得多自在啊。

庄子说："鹪鹩巢于深林，不过一枝；偃鼠饮河，不过满腹。"人活在世上，总想比别人有权，比别人有势，可欲望难以满足，祸患便与之相伴。所以，不如把心放开，烦闹喧哗声后，大起大落之后，淡然地回首过去，平静地迎接将来，这就是难得的好日子了。

3. 看前看后皆无意义，当下即是人生

> 不要追思过去，不要期待将来，过去的已经过去了，而将来是渺茫不可测的，只有今天是真实而有意义的。

庄子说："不忘其所始，不求其所终；受而喜之，忘而复之，是之谓不以心捐道，不以人助天。是之谓真人。"国学大师南怀瑾先生理解这句话认为，这便是人生真的价值了，一切的作为，不要忘掉最初的动机，也不要追究结果是什么！无始无终，忘记了时间的概念，忘记了空间的概念，只对现有的生命悠然而受之，冷了加衣服，热了脱一件，饿了就吃。假使痛苦来了呢？高高兴兴地接受就是了，这就是理想的境界。

庄子告诉人们，不要以人为的方法去帮助自己的天机，就让它自然，就是这个自然样子，只是当下。所以后来禅宗把它浓缩了，经常用"当下即是"这句话，只有现在，生命就在现在这一下。当下即是，这样才是得道的人。

"当下即是"，这是创造美好人生最应该懂得的哲理。然而，大多数人的习惯总是一方面向后看，然后有悔不完的过去；另一方面又太重视未来而有过多幻想的憧憬。何不多看"当下"一眼，以避免悔恨和恐惧的煎熬？

第八章 顺其自然，青春就是不该顾虑重重

回忆过去、憧憬未来都很容易，而能够懂得紧紧把握"当下"，好好运用，努力收获，那就难了。

我们所能把握的，唯有"当下"而已。生活在今天，今天这一天只有一个"当下"。此时此刻——你在运用"当下"这一刻的时候，既不要悔恨已过去的时光没有好好享受，也不要去依赖于尚未到来的时光，只有"当下"这一刻是你的。假如要追求快乐，就在"当下"，此时此地找寻；假使你"当下"找不到，就永远找不到。

生活在"当下"的时间里，就好像是生活在你生命最后的一刻里那样，要使今天比昨天稍好一些，使每个新的今天更健康、更有成果、更朝前迈进、更快乐。如果你以前有过悲惨颓废的日子，现在你就该发掘生活中的喜乐。你既然不能使时光与潮流为你停留，你就必须下定决心，当今天还属于你时，你要缔造一个美好的明天，你一定先得有祈求幸福的意志，因为你美好的明天完全要从你今天所想、所感、所行的种种中收获成果。这是属于你的日子，你要如何去利用，可全在你的掌握。

假使我们有足够的智慧去把握住"当下"这片刻，且能够善加运用的话，则以后接踵而来的许多时刻将会由我们现在所作的明智决策而改善得更合乎理想。所谓未来，总是从眼前脚下开步，我们此刻所塑造的就是我们未来的真面目。

"当下"是改善的时刻，"当下"是充实自己的时刻，"当下"正是发现缺点马上加以纠正的时刻——该做的事，要马上着手去做，否则一点一滴地堆积下来，将造成心理上的忙碌，碌碌终日，一事无成。

只要你把握"当下"，就不敢浪费时间，不为无益之事忙得毫无道理，那你将可以生活得很充实、很丰盈、很快乐。

一生很短暂，你在这地球上只不过活一次。让你的生命来证明你的价值。所以，宝贵的日子切莫荒废！不要追思过去，不要期待将来，过去的已经过去了，而将来是渺茫不可测的，只有今天是真实而有意义的。

一个人的成就是可以由他的生活态度来决定的。美国前总统亚伯拉罕·林肯经常以一种美妙的方式来结束他一天的生活。他认为，人的一生就是一天又一天的人生，因此要把人生过得好，一定要把每一天过得好。他告诉他的国人说："我从未立过计划，我仅仅把一天天所做的认为最好的事情做好而已。"他又说，"各行业对一个人的指导法则就是勤奋，今天能够着手进行的事情，绝不拖到明天。"

抓住这一天，让生命的火花结成硕大的果实，这是人生的一大课题。不管生活如何艰苦，每个人都应把当天的工作做好。一如林肯所为，由一天到一天，把一天一天所做的工作做得最好，才是有意义的人生。尽你所能，充实这每一分钟，那样这一天将活得很甜蜜、很刻苦、很和谐、很清纯！

一天的时光逝去，就是一天的终结，这是要点之所在。你昨天一定做过一些愚蠢荒唐的事情，你应该把那些事迅速忘掉。我们不该为一点儿小事而耿耿于怀，因而在"悠悠人生路"上投下阴影，损伤了这一天可以享受的美景。

如果你总让昨天的烦恼和悲愁来侵蚀眼前的好时光，你知道你付出的代价有多高？

英国的《妇女杂志》专栏作家潘声·斯屈朗说得好："把你一切的罪念和忧虑都埋葬在'过去'的墓园中吧！"

不过，埋葬了困扰、愁苦、悲惨的时光，可别忘了苦难带来的教训，这是惨痛经历留下的财富。你尽可以忘了你挣扎过来的风浪，但别忘了在奋斗过程中，引导你安然度过的那一丝光明！固然，经验是伟大的老师，

第八章 顺其自然，青春就是不该顾虑重重

但是，如果太注意过去的事，就如同驾驶汽车时老望着车两旁的反光镜一样，会因此而忽略了前面的道路。

曾任英国首相的乔治就是一个习惯随手关门的人，他过完了一天就像关闭了一道门，把过去的事统统忘掉。

有一天，乔治首相跟一个朋友一起散步，每走过一道门，他都要小心翼翼地把门关好。那位朋友调侃他说："你用不着关这些门呀！"

"唔！应该的，"乔治首相庄严地回答道，"我这一辈子都在关我身后的门。这是必需的，你晓得，当你关门的时候，所有'过去'的事也都被关在后面了，然后你就可以重新开始，向前迈进！"

纵然你有值得炫耀的过去，或有值得标榜的身世，也不要去提它！好好把握人生的每一刻，珍惜你现在的时刻，尽情地生活吧！

有句俗话说得很不错："一天一个现在"，所谓"当下"，即是现在，即是此时此地。你真正活着的就是此时此地的一刹那，也只是一个片刻。所以在今日这一天，要是不做好今日的事，永无今日让你做这件事。为此，真正懂得生活的人会抓住"当下"每一分钟，认真做好应做的事情。因为"当下"只有一个，如果把这个"当下"放过，第二个"当下"就不再出现。

4. 经常放松自己，让心情变得愉快

　　　　你是不是经常忙碌，体验不到生活的快乐？这个时候，我们就需要抛开一切，让自己闲一段时间，这样，你就会重新找到生活的意义和乐趣。

一位专栏作家曾这样描述过一个美国普通上班族的一天：

7点铃声响起，开始起床忙碌：洗澡；穿职业套装——有些是西装、裙装，另一些是大套服，医务人员穿白色的，建筑工人穿牛仔和法兰绒T恤；吃早餐(如果有时间的话)；抓起水杯和工作包(或者餐盒)，跳进汽车，接受每天被称为高峰时间的惩罚。

从上午9点到下午5点工作……装得忙忙碌碌，掩饰错误，微笑着接受不现实的最后期限。当"重组"或"裁员"的斧子(或者直接炒鱿鱼)落在别人头上时，自己长长地松了一口气。扛起额外增加的工作，不断看表，思想上和内心的良知斗争，行动上却和老板保持一致。再次微笑。

下午5点整，坐进车里，行驶在回家的高速公路上。与配偶、孩子或室友友好相处。吃饭，看电视。8小时天赐的大脑空白。

文章中描写的那种机械无趣的生活离我们并不遥远。我们和美国普通劳动者一样，每天都在忙碌着，置身于一件件做不完的琐事和想不到尽头的杂念中，整天忙忙碌碌，丝毫体验不到生活的乐趣，这个时候，我们就需要抛开一切，让自己闲一段时间，这样，我们就会重新找到生活的意义和乐趣。

第二次世界大战时，丘吉尔有一次和蒙哥马利闲谈，蒙哥马利说："我不喝酒，不抽烟，到晚上10点钟准时睡觉，所以我现在还是百分之百的健康。"丘吉尔却说："我刚巧与你相反，我既抽烟，又喝酒，而且从来都没有准时睡过觉，但我现在却是百分之二百的健康。"蒙哥马利感到很吃惊，像丘吉尔这样工作繁忙的政治家，如果生活这样没有规律，哪里会有百分之二百的健康呢？

其实，这其中的秘密就在于丘吉尔能坚持经常放松自己，让心情轻松。即使在战事紧张的周末他还是照样去游泳；在选举战白热化的时候他还照样去垂钓；他刚一下台就去画画；工作再忙，他也不忘在那微皱起的嘴边叼一支雪茄放松心情。

可以从每天抽出一小时开始，一个人静静地待着，什么也不做，当然，前提是你要找一个清静的地方，否则如果是有熟人经过，你们一定会像往常那样漫无边际地聊起来。也许刚开始的时候，你会觉得心慌意乱，因为还有那么多事情等着你去干，你会想如果是工作的话，早就把明天的计划拟定好了，这样干坐着，分明就是在浪费时间。可是，如果你把这些念头从大脑中赶走，坚持下去，渐渐你就会发现整个人都轻松多了，这一个小时的清闲让你感觉很舒服，干起活来也不再像以前那样手忙脚乱，你可以很轻松地去处理各种事务，不再有紧迫感。你可以逐渐延长空闲的时间，几小时、半天甚至一天。

抛开一切事情，什么也不干，一旦养成了习惯，你的生活将得到很大的改善，把你从混乱无序的感觉中解救出来，让头脑得到彻底净化。

5. 做完，放下，不再去想

这个世界总有占不完的便宜、吃不完的亏，好事不可能总让你摊上，你也不可能总是那么倒霉。所以，放松吧，做完，放下，不再去想，拥有好心情才是最重要的。

有些人在得知自己吃亏了或者赔本了，总是一脸的不快，埋怨自己，但是你在为一件东西亏还是赚花时间、花精力去后悔时，有没有考虑到你的心情成本？

吴芳所在的单位早期分了一套小户型房子，她换房后把那套房卖掉了，单位的福利房，当初分到手上时花了不到两万，但卖出了10万元，她当时是很满意的。可是这两年，房价飞涨，那个地段今年又建成了步行街，房价跟着翻番，她的那套房子如果搁现在，涨到15万没问题。也难怪她后悔，中间不过两年的时间。

不光是吴芳，近来在我们的耳边听多了这样的声音。身边有很多炒股的朋友，这年头，不炒股好像不正常。

于是，股市涨跌，他们的心情也就忽上忽下：本来看准了那只股票，差点儿买了，怎么一念之间就放弃了，那股现在涨了10元，我少赚了两万元，真亏呀。还有，手头上那只股，三元买进，涨到六元我就抛了，如果再大胆点儿，如今涨到了20元，卖了3000股，少赚了差不多五万元呀，真是后悔得吐血，也不过是短短的半年时间，我怎么那么沉不住气呢？

就是这些人，做什么事情之前都要反复考虑，做完之后又放心不下，对方方面面都考虑得尽量周到，如有不妥，就很担心把事情办砸并担心别人对自己有看法，并且极其注重个人的得失，他们被笼罩在患得患失的阴影之中，永不满足，也永无安宁。

这个世界总有占不完的便宜、吃不完的亏，好事不可能总让你摊上，你也不可能总是那么倒霉。所以，放松吧，做完，放下，不再去想，拥有好心情才是最重要的。

从前有一位神射手，名叫后羿。他练就了一身百步穿杨的好本领，立射、跪射、骑射样样精通，而且箭箭都射中靶心，几乎从来没有失过手。夏王也从左右的嘴里听说了这位神射手的本领，也目睹过后羿的表演，十分欣赏他的功夫。有一天，夏王想把后羿召入宫中来，单独给他一个人表演一番，好让他尽情领略后羿那炉火纯青的射技。

夏王对后羿说："今天请先生来，是想请你展示一下你精湛的本领，这个箭靶就是你的目标。为了使这次表演不至于因为没有彩头而沉闷乏味，我来给你定个赏罚规则：如果射中了的话，我就赏赐给你黄金万两；如果射不中，那就要削减你一千户的封地。现在请先生开始吧。"

后羿听了夏王的话，一言不发，面色变得凝重起来。他慢慢走到离箭靶一百步的地方，脚步显得相当沉重。然后，后羿取出一支箭搭上弓弦，摆好姿势拉开弓开始瞄准。

想到自己这一箭射出去可能产生的结果，一向镇定的后羿呼吸变得急促起来，拉弓的手也微微发抖，瞄了几次都没有把箭射出去。良久，后羿终于下定决心松开了弦，箭应声而出，"啪"的一声钉在离靶心足有几寸远的地方。后羿脸色一下子白了，他再次弯弓搭箭，精神却更加不集中了，射出的箭也偏得更加离谱。

后羿收拾弓箭，勉强赔笑向夏王告辞，悻悻地离开了王宫。夏王很是不解，就问手下道："这个神箭手后羿平时射起箭来百发百中，为什么今天跟他定下了赏罚规则，他就大失水准了呢？"

手下解释说："后羿平日射箭，不过是一般练习，在一颗平常心之下，水平自然可以正常发挥。可是今天他射出的成绩直接关系到他的切身利益，叫他怎能静下心来充分施展技艺呢？"看来一个人只有真正把赏罚置之度外，才能成为当之无愧的神箭手啊！

患得患失、过分计较自己的利益将会成为我们获得成功的大碍。我们应当从后羿身上吸取教训，凡事莫要患得患失。

6. 面对不如意的事，懂得随遇而安

> 人生际遇往往不是个人力量能完全左右的，我们的一生中很少有几次真正感到自己的生活一帆风顺，多数情况下是诡谲多变的。所以人们常说：不如意事十之八九。在这种环境之中，唯一能使我们不觉其不如意的办法，就是让自己"随遇而安"。

生活中不如意的事情很多，我们无法左右它们的发生，但我们可以决定如何面对。既然愿意也好，不愿意也罢，它们都要发生，何不以平常心对待，随遇而安地生活，那么，就没有什么能把我们打倒了。

当杰勒米·泰勒丧失了一切——他的房屋遭人侵占，家人被赶出家门，流离失所，庄园被没收了的时候，他这样写道："我落到了财产征收员的手中，他们毫不客气地剥夺了我所有的财产。现在只剩下了什么呢？让我仔细搜寻一下。他们留给了我可爱的太阳和月亮，我温良贤淑的妻子仍在我的身边，我还有许多给我排忧解难的患难朋友，除了这些东西之外，我还有愉快的心、欢快的笑脸。他们无法剥夺我对上帝的敬仰，无法剥夺我对美好天堂的向往以及我对他们罪恶之举的仁慈和宽厚。我照常吃饭、喝酒，照样睡觉和消化，我照常读书和思考……"

在意外的打击和灾难面前，泰勒仍感到有足够的理由欢乐，他像是爱上了这些痛苦和灾难似的，或者说，他在这种常人难以摆脱的痛苦和怨恨中仍然能够自得其乐，真可谓不以常人之忧为忧，而以常人之乐为乐。他之所以能做到这一步，是因为他敢于藐视困难，视灾祸为一点寻常荆棘，他就是坐在这些小小的荆棘之上，亦不足为忧。

生活中不如意的事情是很多的。人生际遇往往不是个人力量能完全左右的，我们的一生中很少有几次真正感到自己的生活一帆风顺，多数情况下是诡谲多变的。所以人们常说：不如意事十之八九。在这种环境之中，唯一能使我们不觉其不如意的办法，就是让自己"随遇而安"。一个人如能不管际遇如何，都保持豁达的心境，那真是比有万贯家财更有福气。

一个人搭车回家，行至途中，车子抛锚，只好送去修理。当时正值盛夏午后，闷热难当。当他得知四五个小时后才可启程时，就独自到附近的海滨游泳去了。

海滨清爽宜人。当他兴尽归来时，车子已经修好，趁着黄昏的晚风，他踏上了归程。之后，他逢人便说："真是一次最愉快的旅行！"

由此，随遇而安的妙处可见一斑。假如换了别人，在这种情况下，恐怕只好站在烈日下，一面抱怨，一面着急。而那辆车子不会因此就提前一分钟修好，那次旅行也一定是一次最糟糕的旅行。

砂糖是甜的，精盐是咸的。通常，如果想要使食物尝起来是甜的，只要加点糖就可以了。然而事实上，若我们再加入些盐，反而更能反衬出砂糖的甜度与味道，这正是造物主绝妙的安排。

事物都有对立，都有正反。有对立的关系，我们才能感受到自己的存在，才能体会出那种类似砂糖里加入了盐的滋味。因此，与其为那些难过的事苦恼，还不如想想如何去接纳、调和它们。如此，必能产生新的天赐美味，而康庄大道也就在我们面前展开了。

当你遭遇到不如意的时候，尽可把它看作一幕戏或一段小说，而你不过临时做了其中的主角而已。这样你就能自在地生活在其中，反倒会觉得有所收获并因此感到欣慰了。

无论你如何精心设计，或者想象事情会如何发展，或相信事情应该如何……总会有些事让你感到困惑、难堪或不平衡。你无法解释为什么会这样。也许是因为你的情绪、你的身体状况、航班、天气……或者是因为所有这些因素综合在一起。

无论发生什么情况，都应该接受这种混乱、难堪的状况，从心里把这些不如意作为生活的一部分来接受。你应该知道，鲜花永远是和荆棘相伴的。

要做到这点确也不易。如果太坏的事情不是发生在自己或自己的亲朋好友身上，人人都能够保持冷静的心态。如果不是你的家庭被破坏和惊吓，你是容易冷静的。并且在你没有受到严重的侵犯时，你也很容易理解怎样去宽恕别人。但是，当你遇到不幸时，想继续保持冷静和宽容就很难了。

控制自己受伤的情绪，不管是因为焦虑、不满、孤独，还是愤怒，你必须尽可能地对自己所做的任何事情负责，充分考虑任何行为的后果。虽然有些事情你是无能为力的，比如别人的决定和行为，你肯定不能将世界按照你的愿望来塑造，但你还是应该努力去改变这种现状。可是，有些事情你是可以控制的，比如你自己的想法、怎样对形势作出反应以及自己将来的打算等。你可以查明不切实际的目标和超出现实的期待，然后将其抛弃或将它们更改得合乎情理。你可以时常回过头来想想，而不要一味地盲目前进。你可以停下来思考一下或是听听别人的看法。这样，你才能真正看清到底发生了什么，弄明白什么是正确的，什么是不正确的，并且最终接受现实。

所有这些要求都是让你能够做到随遇而安的先决条件，所有这一切都是让你自在生活的前提。

第八章 顺其自然，青春就是不该顾虑重重

7. 明天自有明天的问题，何必在今天苦恼

努力过好当前的日子，努力把当前的问题解决，这一天就是快乐的。明天自有明天的问题，何必在今天就去苦恼呢？把当前的日子过好，明天自然就是美好的。

焦虑是破坏生活的杀手。如何解决现代人的焦虑？要解决现代人的焦虑和烦恼，需要改变我们面对压力的方式。

一位教授根据多年的咨询经验发现，人的压力可以用一个公式表示：

压力：负载 / 自我能力

负载等于是卡车上所载的东西，自我能力就好像这部卡车的承载能力。如果上面负载的东西并没有增加，可是你现在很难过，这就表示有几个可能：一是你的自我能力减弱了，二是你在上面加了太多别的东西或太多垃圾。

例如，在办公室跟同事处不好，回家后跟家人处不好，这些压力、情绪，全都加到工作上去，就变成垃圾负载。这些冲突、情绪其实跟你的工作并没有关系，但全都被加到你的工作里面，结果你就无法再好好工作。

对这些人来讲，这位教授并不主张马上把他们原来的主题负载减少，

要减少的是他们的垃圾负载。根据这个压力公式来分析，这位教授为一位处在焦虑中的女主管开了三个处方。

第一个处方是运动，因为运动可以刺激脑下垂体分泌脑内啡，使人的心情变好。

第二个处方是尽量表现出开心的样子。他要求那位女主管每天进办公室前，就深深吸一口气，把眉毛扬一扬，假装高兴，感觉自己的胸口松开，振作起来，再走进办公室，并且要记得跟人打招呼。他解释，一旦经常这样做，行为影响情绪，人真的会变得比较快乐。

第三个处方，就是笑。因为笑的时候可以产生内脏按摩的效果。而大笑的时候，通常都会深呼吸，也会刺激身体产生令人舒服、愉快的分泌物。

几个星期下来，这位女主管真的有很好的转变。她保持运动，心情也变好了，也不再有辞职的念头了。

思考的习惯，其实是可以改变的。在第二次世界大战时，有位因焦虑过度而病重的士兵向医生求助，医生了解了他的情况之后，对他说："我要你把人生想成一个沙漏，上面虽然堆满了成千上万的沙粒，但它们只能一粒、一粒缓慢平均地通过瓶颈。你我都没有办法让一粒以上的沙粒通过瓶颈，你我每一个人都是沙漏。每天早晨，我们都有一大堆该办的事，如果我们不是一件一件慢慢处理，像沙粒一粒一粒通过漏颈，我们就可能对自己的生理或心理系统造成伤害。"

这个沙漏的比喻，点醒了这名焦虑的士兵，不但治好了他的病，战后他也依照这个思考方式去缓解生活中的压力。

《纽约时报》出版人索兹柏格，在第二次世界大战时，也曾受到类似的启发。那时他经常失眠，常半夜起来拿着画布与颜料，对着镜子画自画像，虽然他完全不会画画，却仍以此来消除忧虑，但是他的忧愁烦恼依旧，直到有一天，他看到《圣经》赞美诗的一段："恳请慈光引我前行，照亮我的步履；不求看清远方，但求一步之明。"他才真正感到宁静安心。

日本经营之神松下幸之助乐观的思考模式，也成为他面对困难时最大的力量。他在《松下静思录》中提道：

"有人常常对我说：'你吃过不少苦头吧？'我本身从来没有感觉到真正吃过什么苦头，因为从九岁到大阪当学徒至今，我一直抱持着积极乐观的心态去工作。在大阪码头当学徒时，寒冷的早晨，手几近冻僵，仍要用冷水擦洗门窗，或是做错事挨老板打骂，有时简直吃不消。但随即回心转意一想，'吃苦就是为了自己的将来'，痛苦反而变为喜悦了。

"从学徒养成的乐观想法，给了我后来很多正面的影响，例如不景气时，我仍不会叹气，反而积极认为，不景气正是改善企业体质的好机会。这样的看法和想法，不但有助于克服困难和苦恼，而且能丰富人的内心，使人每日过着积极的生活。"

在《圣经》里，耶稣说："不要为明天忧虑，因为明天自有明天的忧虑，一天的难处一天担就好了。"的确如此，努力过好当前的日子，努力把当前的问题解决，这一天就是快乐的。明天自有明天的问题，何必在今天就去苦恼呢？顺其自然，把当前的日子过好，明天自然就是美好的。

第九章

青春时多修静心

遇事时少有羁绊

　　我们的青春总被悲欢离合、喜怒哀乐所羁绊，我们欲寻一片净土，然而，即使闭上眼睛，这个世界仍不会停止喧闹。请学会淡然，请变得冷静，请懂得忍耐，经过如此磨砺，修得一颗静心。学会静心，便可高朋满座，不会昏眩；曲终人散，不会孤独；成功，不会欣喜若狂；失败，不会心灰意冷。

1. 身在红尘中，心在红尘外

> 在纷纷扰扰的世界上，心灵当似高山不动，不能如流水不安。居住在闹市，在嘈杂的环境之中，不必关门闭窗，任它潮起潮落，风来浪涌，我自悠然如局外之人，没有什么能破坏我心中的安然。

一个皇帝想要整修在京城里的一座寺庙，他派人去找技艺高超的设计师，希望能够将寺庙整修得美丽而又庄严。

后来有两组人员被找来了，其中一组是京城里很有名的工匠与画师，另外一组是几个和尚。

由于皇帝不知道到底哪一组人员的手艺比较好，于是他就决定给他们机会作一番比较。

皇帝要求这两组人员各自去整修一个小寺庙，而这两个寺庙是挨着的。三天之后，皇帝要来验收成果。

工匠们向皇帝要了一百多种颜色的颜料，又要了很多工具。而让皇帝感到奇怪的是，和尚们居然只要了一些抹布与水桶等简单的清洁用具。

三天之后，皇帝来验收。

他首先看了工匠们所装饰的寺庙，工匠们敲锣打鼓地庆祝工程的完成，他们用了非常多的颜料，以非常精巧的手艺把寺庙装饰得五颜六色。

皇帝很满意地点点头，接着回过头来看和尚们负责整修的寺庙，他一看之下就愣住了，和尚们所整修的寺庙没有涂上任何颜料，他们只是把所有的墙壁、桌椅、窗户等等都擦拭得非常干净，寺庙中所有的物品都显出了它们原来的颜色，而它们光亮的表面就像镜子一般，无瑕地反射出从外面而来的色彩，那天边多变的云彩、随风摇曳的树影，甚至是对面五颜六色的寺庙，都变成了这个寺庙美丽色彩的一部分，而这座寺庙只是宁静地接受这一切。

皇帝被这庄严的寺庙深深地感动了，当然我们也知道最后的胜负了。

我们的心就像是一座寺庙，我们不需要用各种精巧的装饰来美化我们的心灵，我们需要的只是让内在原有的美，无瑕地显现出来。

如果你珍爱生命，请你修养自己的心灵。人总有一天会走到生命的终点，金钱散尽，一切都如过眼云烟，只有精神长存世间，所以人生的追求应该是一种境界。

在纷纷扰扰的世界上，心灵当似高山不动，不能如流水不安。居住在闹市，在嘈杂的环境之中，不必关门闭窗，任它潮起潮落，风来浪涌，我自悠然如局外之人，没有什么能破坏我心中的安然。身在红尘中，而心早已出世，在白云之上。又何必"入山唯恐不深"呢？关键是你的心。

心灵是智慧之根，要用知识去浇灌。胸中贮书万卷，不必人前卖弄。"人不知而不愠，不亦君子乎？"让知识真正成为心灵的一部分，成为内在的涵养，成为包藏宇宙、吞吐天地的大气魄。只有这样，才能运筹帷幄之中，决胜千里之外，才能指挥若定、挥洒自如。

修养心灵，不是一件容易的事，要用一生去琢磨。心灵的宁静，是一种超然的境界！高朋满座，不会昏眩；曲终人散，不会孤独；成功，不会欣喜若狂；失败，不会心灰意冷。

2. 人生最美是淡然

宁静淡泊是什么？宁静淡泊是内心超脱尘世的豁达。春风大雅能容物，秋水文章不染尘。淡泊者须有云水气度、松柏精神，不为名利所累，不为繁华所诱，从从容容，宠辱不惊，淡泊宁静是修身明志的最佳心灵空调。

在滚滚红尘中，能让自己拥有一份淡淡的情愫，过着淡淡的闲情逸致生活，那是人生多么悠然自得的美丽啊！在平常、平凡、平淡的淡淡人生中，让自己的生命鸣唱出最美妙动听的天籁之音，那是生命多么珍贵的闪耀啊！在我的生命中，对"淡"字情有独钟，产生了一份特殊的情愫。因为，淡字，一半是水，一半是火，水火本不容，却被造字者巧妙地融合，不禁感叹神奇，而意蕴深邃。

淡，是水与火的缠绵，火与水的较量，是碰撞，是交融，虽不互容，却能给你我温暖，我给你清凉，相互依存，相互支撑，达到了完美的结合。人生，不瘟不火的淡，是一种人生心态，欲望无止境，淡定而从容。轻描淡写无重彩，若有若无的淡更能给人遐想无限的空间。淡淡的我、淡淡的生活、淡淡的爱、淡淡的情、淡淡的心、淡淡的乐，安逸于淡淡的人生。

淡淡的情愫，你像雨后的彩虹，光彩夺目又清新典雅，让人耳目一新。在明朗的午后，在落日的黄昏，我用眼睛读你，用心灵品你，赏不尽你的精彩——淡淡情愫！

喜欢淡淡的感觉，夜的静美、雨的飘逸、风的洒脱、雪的轻盈。此时的淡淡，是一种意境，不是淡而无味的淡，是人淡如菊的淡，是过滤了喧嚣纷扰后的宁静，是心静如水的淡然，就这样淡淡地感受一份属于自己的天地。心如雨后的天空一样纯净。

喜欢淡淡的人生。淡淡的愁不刺心却千丝万缕，淡淡的寂寞不放纵却独品生命里的无奈，淡淡的思念不纠缠却绵长浓厚，淡淡的牵挂不强求却悠远永久。淡淡的红尘，淡淡的岁月，淡淡而来，淡淡而去。淡淡的人生，巧声吟唱着淡淡的天籁之音。

喜欢淡淡的音乐。那美妙动听之音，是多么地令人心旷神怡。徜徉在音乐的海洋，任情思长上翅膀，飞舞在那片音乐的空灵里。轻柔的歌声如清风，如流泉，如白云，如初春的鹅黄，如仲夏的荷碧，如秋空的明净，如曼妙的轻舞，如梅子时节的细雨。那凄美的乐曲，滤过心尖，丝丝切切，百般悱恻，淡淡绵绵，揉动着多情多感的一怀心事。那一怀淡淡的心事，在歌声中浸染、滋润，在歌声中翩翩起舞。

喜欢淡淡的生活。就让这一份淡淡永远陪着我，不管外面的风风雨雨，惊涛骇浪，不管世事变幻沧海桑田。永远就这样平平静静地生活，平平安安地做事，平平淡淡地做人，不企望流芳溢彩，不奢望艳冶夺人，给生活一丝坦然，给生命一份真实，给自己一份感激，给他人一份宽容。如此，也许更能体会生活的意义和生命的价值！

喜欢淡淡的心。人生旅途中，淡淡地欣赏旅途中的风光，淡淡地享受着自己所拥有的，淡淡地应对人生中的风风雨雨……淡淡地对待一切，一切自然就风轻云淡了。因为淡淡的，所以我快乐着。

但不是快乐的人就没有悲伤，就像翠竹总要开花、凋折，而四季也总有萌蘖和落叶的时节。只是我把悲伤淡淡地放在心底，在别人看不见的日子里，把它淡淡地忆起，再淡淡地忘却。平淡的日子最美，平淡的日子最真。只要人甘于平淡，快乐就很容易。

在平常、平凡、平淡的淡淡人生中，让自己拥有一份淡淡的情愫，过着淡淡的生活，淡出一份情真意切的真情来，淡出一份淡雅清香的韵味来，淡出一份坦然宁静的心境来，淡出一份淡泊名利的境界来，淡出一份绵延悠长的爱意来，淡出一份悠然自得的生活来。

第九章 青春时多修静心，遇事时少有羁绊

3. 平淡也是一种上乘的人生境界

> 学会安静，安静地面对现实，安静地梳理自己纷乱
> 的心绪，安静地等待迷雾散尽太阳出来，你会发现，生活
> 仍然是那么的安祥和美好。

有一位中国的MBA留学生，在纽约华尔街附近的一间餐馆打工。一天，他雄心勃勃地对着餐馆大厨说："你等着看吧，我总有一天会打进华尔街的。"

大厨好奇地问道："年轻人，你毕业后有什么打算呢？"

MBA很流利地回答："我希望学业一完成，最好马上进入一流的跨国企业工作，不但收入丰厚，而且前途无量。"

大厨摇摇头："我不是问你的前途，我是问你将来的工作兴趣和人生兴趣。"

MBA一时无语，显然他不懂大厨的意思。大厨却长叹道："如果经济继续低迷下去，餐馆不景气，那我就只好去做银行家了。"

MBA惊得目瞪口呆，几乎疑心自己的耳朵出了毛病，眼前这个一身油烟味的厨子，怎么会跟银行家沾得上边呢？

大厨对呆鹅般的MBA解释："我以前就在华尔街的一家银行上班，天天披星戴月，早出晚归，没有半点自己的业余生活。我一直都很喜欢烹饪，家人朋友也都很赞赏我的厨艺，每次看到他们津津有味地品尝我烧的菜，我就高兴得心花怒放。有一天，我在写字楼里忙到凌晨一点钟才结束了例行公务，当我啃着令人生厌的汉堡包充饥时，我下定决心要辞职，摆脱这种工作机器般的刻板生活，选择我热爱的烹饪为职业，现在我生活得比以前要愉快百倍。"

这样的事例，对于中国人来说是不可思议的。因为，中国人在选择职业时，第一看体面，第二看收入，两者兼得，就足以在人前人后风光炫耀了。成败荣辱，全都摆在面子上，而面子是要人捧的，无人喝彩，就如同锦衣夜行般无趣。可对于西方人来说，无论从事任何职业都没有高低贵贱之分，他们更注重的是对职业的兴趣。而且，自我价值的实现，成功与否的体现，不必通过与别人比较来证实，更不需要通过别人的肯定来满足。

淡泊的人生是一种享受，一个成功的人生，不见得要赚很多的钱，也不见得要有很了不起的成就，在一份简朴平淡的生活中，活得快乐而自在，也是一种上乘的人生境界。

4. 忧伤来了又去，唯我内心的平静常在

一个人受了嘲笑或轻蔑，不应该窘态毕露、无地自容。如果对方的嘲笑确有其事，就应该勇敢地承认，这样对你不仅没有损害反而大有裨益；如果对方只是横加侮辱，且毫无事实根据，那么这些对你也是毫无作用的，你尽可置之不理，这样会愈发显现出你人格的高尚。

有的人在与人合作中听不得半点"逆耳之言"，只要别人的言辞稍有不恭，他不是大发雷霆就是极力辩解，其实这样做是不明智的。这不仅不能赢得他人的尊重，反而会让人觉得你不易相处。保持平稳的情绪，采取虚心、随和的态度将使你与他人的合作更加愉快。

美国一位来自伊利诺伊州的议员康农在初上任时就受到了另一位代表的嘲笑："这位从伊利诺伊州来的先生口袋里恐怕还装着燕麦呢！"

这句话的意思是讽刺他身上还有农夫的气息。虽然这种嘲笑使他非常难堪，但也确有其事。这时康农并没有让自己的情绪失控，而是从容不迫地答道："我不仅在口袋里装有燕麦，而且头发里还藏着草屑。我是西部人，难免有些乡村气，可是我们的燕麦和草屑，却能生长出最好

的苗来。"

康农并没有恼羞成怒，而是很好地控制了自己的情绪，并且就对方的话"顺水推舟"，作了绝妙的回答，不仅自身没有受到损失，反而使他从此闻名于全国，被人们恭敬地称为"伊利诺伊州最好的草屑议员"。

我们在与人相处时，不可能事事都一帆风顺，不可能每个人都对我们笑脸相迎。有时候，我们也会受到他人的误解，甚至嘲笑或轻蔑。这时，如果我们不能控制自己的情绪，就会造成人际关系的不和谐，对自己的生活和工作都将带来很大的影响。所以，当我们遇到意外的沟通不畅时，要学会控制自己的情绪，轻易发怒只会达到相反效果。

凡是允许其情绪控制其行动的人，都是弱者，真正的强者会迫使自己控制情绪。一个人受了嘲笑或轻蔑，不应该窘态毕露、无地自容。如果对方的嘲笑确有其事，就应该勇敢地承认，这样对你不仅没有损害反而大有裨益；如果对方只是横加侮辱，且毫无事实根据，那么这些对你也是毫无作用的，你尽可置之不理，这样会愈发显现出你人格的高尚。

能否很好地控制自己的情绪，取决于一个人的气度、涵养、胸怀、毅力。历史上和现实中气度恢弘、心胸博大的人都能做到有事断然、无事超然、得意淡然、失意泰然。正如一位诗人所说：忧伤来了又去，唯我内心的平静常在。

第九章 青春时多修静心，遇事时少有羁绊

5. 静下心来做事，才可少出差错

　　　　　　　无论是哪一种情况产生的急躁，其实对己对他人都
　　　　　没有好处。浮躁之气生于心，行动起来就会态度简单、粗
　　　　　暴，徒具匹夫之勇，这样不是太糊涂了吗？

　　做事最忌急躁，人一急躁则必然心浮，心浮就无法深入到事物的内部
去仔细研究和探索事物发展的规律，无法认清事物的本质。气躁心浮，办
事不稳，差错自然会多。

　　《郁离子》中记录了这样一个故事：在晋郑之间的地方，有一个性
情十分暴躁的人。他射靶子，射不中靶心，就把靶子的中心捣碎；下围棋
败了就把棋子儿咬碎。人们劝告他说："这不是靶心和棋子的过错，你为
什么不认真地想一想，问题到底在哪里呢？"他听不进去，最后因脾气急
躁得病而亡。

　　容易急躁、心浮气盛的例子还不止这一个。不少人办事都想一挥而
成，一蹴而就。要知道，做什么事都是有一定规律，有一定步骤的，欲速
则不达。

　　战国时期魏国人西门豹，性情非常急躁，他常常扎一条柔软的皮带来

告诫自己。魏文侯时，他做了邺县令。他时时刻刻提醒自己，要克服暴躁的脾气，要忍躁求稳求安求静，才在邺县做出了成绩。

唐朝人皇甫嵩，字持正，是一个出了名的脾气急躁的人。有一天，他命儿子抄诗，儿子抄错了一个字，他就边骂边叫人拿棍子来要打儿子。棍子还没送来，他就急不可待地狠咬儿子的胳膊，直至咬出了血。如此急躁的人，怎能宽容别人？这样教育后代，能教育得好才怪呢！后来他也意识到这样急躁，气性过大，对人对己都没有好处，便开始学习忍耐。

心浮气躁对人是没有任何好处的，甚至会带给人无法挽回的损失。项羽手下的大将曹咎不听从项羽的反复叮嘱，不能戒躁，匆忙行事，终于兵败失成皋。楚强汉弱的局面从此逆转，教训是惨痛的。

汉高祖三年，历史上著名的楚汉之争已持续了三年。这年9月，楚霸王项羽在西面战场猛攻刘邦汉军的时候，背后的彭越军队却壮大起来，给项羽造成了巨大压力，使他烦躁不安。

彭越原与项羽一起参加过反秦战争，战功卓著，但在推翻秦朝后，项羽却没有封他为王，彭越怀恨在心。这时，他与刘邦的汉军联合，接连攻下了睢阳等17个城，威胁项羽。

为了安定后方，项羽决定亲自率军回师东征彭越。他把留守成皋前线的任务交给大将曹咎，叮嘱说："一定要守住成皋。如刘邦来挑战，千万谨慎，不要出战，只要阻住他东进就行了。"

成皋是险要地段，那里又设有军粮库，战略上十分重要。项羽实在放心不下，临行前又对曹咎说："我在半个月内，一定击败彭越，回来与你共同出击刘邦，切勿轻率出战。"

然而，作战并非如项羽想的那样顺利，直到第二年10月，项羽仍未返回成皋。此时，刘邦乘机率领汉军渡过黄河，向成皋的楚军发动进攻。

起初，曹咎还遵守项羽的军令，尽管汉军一再地挑战，他谨慎地坚守城池，不准任何人出城与汉军交战。刘邦达不到正面交战的目的，就改变策略。他知道曹咎性情暴躁，有勇无谋，就针对这个弱点，想设法把楚军引出城来，然后予以消灭。

于是，刘邦派一部分士卒到楚军城边叫骂，嘲笑曹咎胆小如鼠，躲在城中不敢出来。连续叫骂了数天，曹咎实在忍不住这口气，竟把项羽叮嘱的谨慎行事忘得一干二净，一股傲气上升，就下令楚军出城作战。

汉军已经休整了数月，此时见楚军中计出城，稍一接触，就佯装战败，退向成皋附近的汜水对岸。曹咎见汉军不堪一击，骄横之气更增，指挥楚军渡汜水追击。在汜水对岸以逸待劳的汉军乘楚军渡至河中心时，立即集中兵力向楚军发起了猛烈的攻击。楚军前进不得，后退不及，被杀得大败，几乎全部战死、溺死。曹咎自知违反了军令，在汜水上自杀身亡。刘邦乘胜夺得成皋。

仅因忍不住一口气，曹咎犯了浮躁的大忌，使项羽失去了战略要冲和储粮基地，楚强汉弱的局面从此开始改变。这就是因躁而乱的下场呀！

相反，忍躁而不乱行事的人则常常能有好的发展，东汉时的刘宽就是一例。刘宽字文饶，华阴人，汉桓帝时，他由一个小小的内史升为东海太守，后来又升为太尉。他的发展可以说与他的性格不无关系。他性情柔和，能宽容他人，遇事不急不躁，总会多几分思量，因此就不容易做出得罪人的事情，也更不容易作出错误的决定。他是极有忍耐力的。夫人想试试他的忍耐性，有一次刘宽正赶着要上朝，时间很紧，衣服已经穿好，夫人让丫环端着肉汤给他，故意把肉汤打翻，弄脏了刘宽的衣服。丫环赶紧收拾盘子，刘宽的表情一点不变，还慢慢地问："烫伤了你的手没有？"他的性格气度就是这样。其实汤已经洒在了身上，时间也确实很紧，即便是把失手洒汤的人骂一顿，打一顿，时间也不会夺回来，急又有什么用处呢？倒不如像刘宽那样，以自己的容人雅量对人对事，再换件朝服，更为现实和有用。

正反两面的例子，我们都看到了，从中我们也能总结一些经验。中国文化的精要就在于以静制动，处安勿躁。浮躁会带来很多危害。想有所作为，而又不能马上成功，会产生急躁情绪；本以为把事情办得很好，谁知忽然节外生枝，一时又无法处理，必然生出急躁之心；因为他人的过错，给自己造成了一定的麻烦，心气不顺，也会产生急躁；望子成龙，盼女成凤，天下父母之心皆然，但偏偏儿女不争气，心中也同样急躁；受到别人的责难、批评，又无法解释清楚，心中也会产生急躁的情绪。无论是哪一种情况产生的急躁，其实对己对他人都没有好处。浮躁之气生于心，行动起来就会态度简单、粗暴，徒具匹夫之勇，这样不是太糊涂了吗？

人不能心浮气躁。静不下心来做事，将一事无成。荀况在《劝学》中说："蚯蚓没有锐利的爪牙、强壮的筋骨，但它往上能够吃到地面上的黄土，往下能够喝到地底的黄泉水，原因是它用心专一。螃蟹有六只脚和两个大钳子，它不靠蛇鳝的洞穴，就没有寄居的地方，原因就在于它浮躁而不专心。"

轻浮、急躁，对什么事都深入不下去，只知其一，不究其二，往往会给工作、事业带来损失。忍浮是讲人要踏实、谦虚，戒躁是要求我们遇事沉着、冷静，多分析，多思考，然后再行动，不要这山看着那山高，干什么都干不稳，最后毫无所获。

6. 一忍可以制百辱，一静可以制百动

生气发火，往往只是一怒之下忍无可忍，这是因为人遇到愤怒的事情时，心情比较烦躁，只觉得头脑一热，就什么都不顾了。如果这时候我们能有意识地让自己冷静下来，仔细权衡利弊，沉住气，那结果就不一样了。

宋代苏洵曾经说过："一忍可以制百辱，一静可以制百动。"其实，忍是理智的抉择，也是成熟的表现，更是能够静心的基础。忍有一个最重要的条件，就是要眼光放得远，为长久打算，忍一时之不痛快。

一次，在公共汽车上一个男青年往地上吐了一口痰，被乘务员看到了，对他说："同志，为了保持车内的清洁卫生，请不要随地吐痰。"没想到那男青年听后不仅没有道歉，反而破口大骂，说出一些不堪入耳的脏话，然后又狠狠地向地上连吐三口痰。那位乘务员是个年轻的姑娘，此时气得面色涨红，眼泪在眼圈里直转。车上的乘客议论纷纷，有为乘务员抱不平的，有帮着那个男青年起哄的，也有挤过来看热闹的。大家都关心事态如何发展，有人悄悄说快告诉司机把车开到公安局去，免得一会儿在车上打起来。没想到那位女乘务员定了定神，平静地看了看那位男青年，对

大伙说："没什么事，请大家回座位坐好，以免摔倒。"一面说，一面从衣袋里拿出手纸，弯腰将地上的痰迹擦掉，扔到了垃圾桶里，然后若无其事地继续卖票。看到这个举动，大家愣住了。车上鸦雀无声，那位男青年的舌头突然短了半截，脸上也不自然起来，车到站没有停稳，他就急忙跳下车，刚走了两步，又跑了回来，对乘务员喊了一声："大姐！我服你了。"车上的人都笑了，七嘴八舌地夸奖这位乘务员不简单，真能忍，虽然骂不还口，却将那个混小子制服了。

这位女乘务员的确很有水平。面对辱骂，她如果忍不住与那位男青年争辩，只能扩大事态；与之对骂，又损害了自己的形象；默不作声，又显得太沉闷了。她请大家回座位坐好，既对大伙儿表示了关心，又淡化了眼前这件事，缓解了紧张的空气，她弯腰若无其事地将痰迹擦掉，此时无声胜有声，比任何语言表达的道理都有说服力，不仅感动了那位男青年，也教育了大家。正因为她有着极强的忍耐力，所以，自始至终她都是那么从容镇定，这一点是值得任何人学习的。

在生活中，我们也难免会碰到一些蛮不讲理的人，甚至是心存恶意的人，有时还会无缘无故地遭到这种人的欺侮和辱骂。每当遇到这样的事，常让人觉得忍无可忍。可是，不忍就正好成了对方的出气筒，也给自己带来不必要的麻烦。

如那位女乘务员，如果她不忍，与那位男青年吵起来，甚至对骂或动手，虽然她有理，可是结果对她有什么好处呢？对那个男青年有什么教育意义呢？即使处罚了那位男青年，她充其量表现出的也只是一个普通乘务员的素质；而忍了一时之辱，则取得了道德上、人格上的胜利，震动了那位男青年麻木的心灵。

某女士在家排行老大，那时家境艰难，父母忙于上班养家，照顾两个弟弟、洗衣、做饭等管家的事早早就落在她的头上。弟弟怕她，父母疼她，因此她养成了能吃苦受累不能忍气受气的个性。后来参军，在部队严格纪律的约束下，部队的一些要求，她虽然行动上执行了，可心中不愉快，常常牢骚满腹，影响了进步。而她的真正成熟进步是从学习忍耐开始的。她当的是通信兵，搞长途话务。记得刚上机时，负责培训的是一位连里比较厉害的老兵。有一次，用户要接下面部队的一个分站，她拿着插头不知往哪条线路上插，正犹豫着，那位老兵一把将她的手打下，说："你别拿着我的插头巡逻了。"从小到大，哪里受过这个气，当时她脑袋轰的一热，血往脸上涌，泪水在眼窝里转，真想摘下话筒跑掉，可是一刹那间，她忍住了。想起平时领导常说，三尺机台就是战场，要是跑掉不就等于在战场上当逃兵了吗？所以她一边忍着气抹着泪，一边认真看老兵操作，下班后又帮着老兵整理话单，打扫机房，这时心情已经好多了；而老兵也觉得自己之前有些过火，主动过来手把手地教她。两人后来成了无话不谈的好朋友。

应该说，这样的结果是最圆满的。如果她忍不下那一口气，与老兵争执起来，那么以后她们该如何相处？更有可能的是，她可能因此给别人留下不好相处的印象，又有谁愿意帮助她进步呢？不能忍耐的结果将是一系列的麻烦，给工作和生活都会带来不好的影响。

古人说："将愤之初则便忍之，才过片时，则心必清凉。"开始觉得自己肺都气炸了无法忍，可是忍过后才觉得没什么了不起的大事，忍一下对自己正好是个磨炼。生气发火，往往只是一怒之下忍无可忍，这是因为人遇到愤怒的事情时，心情比较烦躁，只觉得头脑一热，就什么都不顾了。如果这时候我们能有意识地让自己冷静下来，仔细权衡利弊，沉住气，那结果就不一样了，我们的人生也会由此而不同。

第十章

依靠自己

青春不相信奇迹

我们了解了人生的真相，知道了许多事情都在我们的掌控之外，同时我们也明白，人生的舞台不容我们退出。所以，年轻的我们要鼓起勇气向前行。当然，我们不可以坐等奇迹的发生，要想改变困厄的境遇，只有依靠自己。我们仍要积极地改变自己，努力使自己丰盈，才能不让一些好事和好运气与我们擦肩而过。

1. 热情是对生命最大的投资

乌尔曼曾说，年年岁岁只在你的额头上留下皱纹，但你在生活中如果缺少热情，你的心灵就将布满皱纹了。的确如此，生命如果缺少激情，那将会很快枯死。

走在上班下班的人潮中，面对着拥挤的人流，我们有时徒生感慨：日复一日重复着同样枯燥的事情，面对索然无味的工作及生活，生命是否平淡得有些苍白了？长此以往，生命的意义何在呢？生命何时才有激情可言呢？

车尔尼雪夫斯基说过："生活只在平淡无味的人看来才是空虚而平淡无味的。"贤者说得好，或许我们正是如此吧！在日复一日的忙碌中，我们忘记了给生命点燃几分热情，以至于把重复的事情看得索然无味，把吃饭、工作看成是一种负担。实际上，热情对于生命来说，是极其重要的。生活是船，热情便是帆。你可以没有金钱，但你不能没有精神；你可以没有权势，但你不能没有生活的热情。热情是世界上最大的财富，它的潜在价值远远超过金钱及权势。

艾青曾说过这样一段话："假如人生仅是匆匆过客，在世界上彷徨一些时日。假如活着只求一身的温饱，和一些人打招呼、道安。不曾领悟什么，也不曾启示过什么。没有受人毁谤，也没有诋骂过人。对所看见的、所听见的、所触到的，没有发表一点意见。临死了，对永不回来的世界，没有遗言，能不感到空虚的悲哀吗？"的确，这种人生才是真正悲哀的人生，这种生命，不来也罢！

无论生命的旅程是一帆风顺还是充满磨难，都请拿出热情来点燃生命的航程吧。在风平浪静时，从容地安排生活；在激浪排空时，豁达地赞赏自我的生命力量。

生活是美好的，生活的三棱镜折射出的七彩阳光更是美丽耀眼的。让我们投入到生活的洪流之中，点燃生命的热情，这样，我们就会拥有一种充实的生活态度，我们就不会再把生活中的付出当作辛劳。相反，我们会忘记生活的艰辛，用旺盛的精力、充分的耐心和良好的状态去迎接每天的工作。时间飞逝，热情不绝，有了这样的生活信念，抱定这样的生活态度，一切都将变得无比美好！

王蒙的《青春万岁》写得很美，让我们一同诵读书中激动人心的诗句：

所有的日子，所有的日子都来吧，

让我编织你们，用青春的金线，

和幸福的璎珞，编织你们。

是单纯的日子，也是多变的日子，

浩大的世界，样样叫我们好惊奇，

从来都兴高采烈，从来不淡漠，

眼泪，欢笑，深思，全是第一次。

2. 随时更新我们的"心灵地图"

> 我们不能一辈子就带着这一幅不变的"地图",我们
> 应该不断地描绘它、修改它,力求准确地反映客观现实,
> 这样我们才不会在人间这个繁华的大都市里迷路。

有时候,我们的想法往往会背叛我们的思维,让想法和实际分离。"思维"这个词来自希腊文,最初是一个科学名词,目前多半用来指某种理论、典范或假说。不过广义上而言,是指我们看待外在世界的观点。我们的所见所闻并非直接来自感官,而是透过主观的了解、感受与诠释。

无论是面对自我,还是面对世界,每个人都有一定的思维方式。例如说,在人类的思想行为中,有"五大基本问题":

·我是谁?

·我如何成为今天的我?

·为什么我会有这样的思考、感受和行动?

·我能改变吗?

·怎么做?

延续这五大问题,我们的心灵告诉我们该怎么去认识世界、进行自我

行动。所以说思维对一个人的发展来说，是至关重要的，它决定了我们对待自我、对待世界的态度。思维可以说是对于我们所能感知的世界的一个认知缩写，无论这个认知正确与否。

我们可以把思维比作地图。地图并不代表一个实际的地点，只是告诉我们有关地点的一些信息。思维也是这样，它不是实际的事物，而是对事物的诠释或理论。

很多人经常会遇到这样一种情况，到了一处陌生的地方，却发现带错了地图，结果寸步难行，感觉非常尴尬无助。同样，若想改掉缺点，但着力点不对，只会自费工夫，与初衷背道而驰。或许你并不在乎，因为你奉行"只问耕耘，不问收获"的人生哲学。但问题在于方向错误，"地图"不对，努力便等于浪费。唯有方向(地图)正确，努力才有意义。在这种情况下，只问耕耘，不问收获也才有可取之处。因此，关键仍在于手上的地图是否正确。我们常常嘲笑"南辕北辙"的人，却不知自己也会在错误的心灵地图的带领下，犯同样的错误。

思维不仅面对世界，还面对自我，那么心灵地图大致上也可分为两大类：一类是关于现实世界的，这就是我们的世界观；一类是有关个人价值判断的，这就是我们的价值观。我们以这些心灵的地图诠释所有的经验，但从不怀疑地图是否正确，甚至于不知道它们的存在。我们理所当然地以为，个人的所见所闻就是感官传来的信息，也就是外界的真实情况。我们的态度与行为又从这些假设中衍生而来，所以说，世界观和价值观决定一个人的思想与行为。

自我是在不断发展的，世界也是在不断进步的，所以我们行动的世界观和价值观也应该不断地完善与进步，要随时随地来完善我们的心灵地图。

打个比方，现在无数的城市旧貌换新颜，尤其是近几年来发生了翻天覆地的变化，如果有人使用三年前的地图，恐怕已经找不到原来的道路，不知道如何才能找到目标了。地理如此，时空如此，何况人心呢？许多人，他们之所以感到困惑、挫折，甚至感到迷失了自我，就在于他们仍然使用着过去的"心灵地图"，仍然按照旧有的生活轨道在向前走，他们不知道这幅地图已经需要修改了。

其实，我们的思维从童年就已开始发展，经过长期的艰苦努力形成了一个认识自我和世界的思维方式，形成了一幅表面上看来十分有用的心灵地图。我们要按这幅地图去应对生活中的各种坎坷，寻找自己前进的道路。

但是有了心灵地图未必就有了正确的行动。如果这幅地图画得很正确，也很准确，我们就知道自己在哪个位置上，那么我们打算去某个地方，就知道该怎么走。如果这幅地图画得不对、不准确，我们就无法判断怎么做才正确，怎样决定才明智，我们的头脑就会被假象所蒙蔽，因为这幅图是虚假的、错误的，我们将不可避免地迷失方向。

我们不能一辈子就带着这一幅不变的"地图"，我们应该不断地描绘它、修改它，力求准确地反映客观现实，这样我们才不会在人间这个繁华的大都市里迷路。前人诗云："流水淘沙不暂停，前波未灭后波生。"我们必须要下工夫去观察客观现实，这样画出来的"地图"才准确。但是，很多人过早地停止了描绘"地图"的工作，他们不再汲取新的信息，而自以为自己的"心灵地图"完美无缺。这些人是不幸的、可怜的，所以他们多半有心理问题。只有少数幸运的人能自觉地探索现实，永远扩展、冶炼、筛选他们对世界的理解，他们的精神生活也丰富多彩。所以，我们要不断地修改这幅反映现实世界的"心灵地图"，要不断地获取世界的新信息。如果新信息表明，原先的"地图"已经过时，需要重画，就要不畏修改"地图"的艰难，勇敢地进行自我更新。

3. 别人的评价不能判定你的未来

那些令无数人羡慕不已的成功人士，他们之所以能够取得伟大的成就，正是因为能够超越大多数人的标准，不为别人的评价所左右。

哲人有一句话说得好，"棍棒、石头或许会击伤你的肋骨，但语言无法伤害我"。总之，对于流言蜚语和议论，我们大可不必放在心上。有一句话曾经非常流行：走自己的路，让别人去说吧！心理学家对此有科学的解释，他们认为，大多数情绪低落、不能适应环境者，都是因为缺乏自知之明。他们自恨福浅，又处处要和别人相比，总是梦想如果能有别人的机会，便将如何如何。其实，只要能客观地认识自己，就能走出情绪的低谷，激发出超越的激情来。可以说，那些令无数人羡慕不已的成功人士，他们之所以能够取得伟大的成就，正是因为能够超越大多数人的标准，不为别人的评价所左右。

美国著名企业家迈克尔在从商之前，只是一家酒店里的普通服务生，他每天的工作，也就是替那些有钱人搬行李、擦汽车。不过，年轻的迈克尔并没有像他的同事们那样甘于平庸。

有一次，一位客人将他豪华的劳斯莱斯轿车停放在酒店门口，吩咐迈克尔将车擦干净。当时的迈克尔还是一个没有见过多少世面的毛头小子，他还是第一次看到这么漂亮的汽车，所以，等擦完车子之后，他忍不住打开车门，想要坐上去享受一番。谁知就在他屁股还没坐稳的时候，酒店领班正好走了过来，领班一看到迈克尔竟然坐在客人的轿车里，便大声呵斥道："你疯了吗？也不知道自己的身份，像你这种人，一辈子也不配坐劳斯莱斯！"

迈克尔虽然知道自己犯了错，可是他感觉到自己的人格受到了污辱，他当时只有一个念头：我发誓，这辈子不仅要坐上劳斯莱斯，而且要拥有自己的劳斯莱斯！

信念的力量就是这样的强大，至少是在这种力量的鼓舞下，迈克尔后来并没有像其他同事一样一直替人搬行李、擦车，最多做一个领班，而是拥有了自己的事业，当然也拥有了自己的劳斯莱斯。

让我们再来看一看下面的这些案例：

爱因斯坦四岁才会说话，七岁才会认字。老师给他的评语是："反应迟钝，不合群，满脑袋不切实际的幻想。"他因此曾被劝退学。

牛顿在小学的成绩一团糟，曾被老师和同学称为"呆子"。

罗丹的父亲曾抱怨自己生了个白痴儿子，在众人眼中，罗丹曾是个没有前途的学生，艺术学院考了三次他还考不进去。

托尔斯泰读大学时，因为成绩太差而被劝退学。老师认为："他既没有读书的头脑，又缺乏学习的兴趣。"

试想，如果这些人后来不是"走自己的路"，而是被别人的评论所左右，他们又怎么能取得举世瞩目的成就呢？

现实中，每个人都在不断地检视着自己的特性和特质，包括许多与生俱来的、根本改变不了的，比如身高、性别、五官、种族和文化传承、年龄、才华及智商等等。同时，更多的人则只是从周围世界所了解到的标准和印象来判断自己，比如对于体形——"苗条就是美"，青春——"你们是早晨八九点钟的太阳，希望寄托在你们身上"，学历——"文凭就是铁饭碗"……

然而，别人的评价说到底不能判定你的现在，更不可能预测你的未来，因为只有你自己才真正了解你的优点和缺点，也只有你才能掌握自己的未来，除此之外，别人都不可能真正左右你。从这一点上讲，你需要不断为自己打分，并且实事求是地评价自己，而绝不能有自卑的心理。

第十章　依靠自己，青春不相信奇迹

4. 从思维的怪圈中跳出来

我们常常会被"非此即彼"的思维模式所限，自己"从车上下来"，抛开思维的固有模式，我们就可以获得更多。

15世纪，航海家哥伦布远航发现美洲大陆。在凯旋后的一次聚会上，有人说："这没有什么了不起的，无论是谁只要驾驶着帆船一直往西航行，都能发现新大陆。"哥伦布听了并不在意，他要来一些鸡蛋，请在场的人试着在桌子上把鸡蛋竖起来，许多人都跃跃欲试，但是鸡蛋左摆右摆，怎么也竖不起来。哥伦布从容地拿起一个鸡蛋，在桌子上轻轻地一磕，鸡蛋碎了一点壳，就稳稳地竖起来了。哥伦布对大家说："这其实是很容易的事情，你们每个人都能做到的。你们没有做，然而我却做到了，当然现在你们也能够做到了。事情就是这样，在第一个人想到和做到以前，其他人就是做不到。"大家听了连连点头，那个不服气的人也不吭声了。

这是一段多么富有哲理的故事，事情就是这么简单，为什么其他人都想不到呢？这就是思维定式，因为大家都觉得是在鸡蛋完好无损的情况下想办法把它立起来。头脑中的这种无形障碍使人在思考问题解决问题时，表现出了思维的惰性，囿于所谓的"思维定式"之中。在人们碰到新问题的时候，它总是自觉或不自觉地迫使人们把问题纳入熟悉的轨道去解决，即便碰了壁，还是固守原有的思路不肯放弃。想想这是多么可怕啊！

一家公司招聘职员，有一道试题是这样的：一个狂风暴雨的晚上，你开车经过一个车站，发现有三个人正苦苦地等待公交车的到来：第一个是看上去濒临死亡的老妇，第二个是曾经挽救过你生命的医生，第三个是你的梦中情人。你的汽车只能容得下一位乘客，你选择谁？

每个人的回答都有他的理由：选择老妇，是因为她很快就会死去，我们应该挽救她的生命；选择医生，是因为他曾经救过你的命，现在是你报答他的最好机会；选择梦中情人，是因为如果错过这个机会，也许就永远找不回她(他)了。

在两百个候选人中，最后获聘的一位答案是什么呢？"我把车钥匙交给医生，让他赶紧把老妇送往医院；而我则留下来，陪着我心爱的人一起等候公交车的到来。"

我们常常会被"非此即彼"的思维模式所限，自己"从车上下来"，抛开思维的固有模式，我们就可以获得更多。

法国著名女高音歌唱家玛·迪梅普莱有一个美丽的私人园林。每到周末，总会有人到她的园林摘花、拾蘑菇，有的甚至搭起帐篷，在草地上野营野餐，弄得园林一片狼藉、肮脏不堪。

管家曾让人在园林四周围上篱笆，并竖起"私人园林，禁止入内"的木牌，但无济于事，园林依然不断遭到践踏、破坏。于是，管家只得向主人请示。

迪梅普莱听了管家的汇报后，让管家做一些大牌子立在各个路口，上面醒目地写明："如果在林中被毒蛇咬伤，最近的医院距此15千米，驾车约半小时即可到达。"从此，再也没有人闯入她的园林。

"私人园林禁止入内"和"如果在林中被毒蛇咬伤……"有什么不同？——有时成败只在于一个观念的转变。

一个老师向他的学生提出这样一个问题：一个聋哑人到五金店买钉子。为了让售货员明白自己要买的是什么东西，他左手做出拿钉子的样子，右手做出拿锤子敲打的样子。售货员马上给他拿来一把锤子，聋哑人摇了摇头，右手指了指左手，于是顺利地买到了钉子。

"那么，请问，如果一个盲人要去五金店买剪刀，有什么方法最简便呢？"老师问道。

一个学生马上抢答："他只要伸出两个手指头做剪刀剪东西的样子就行了。"其他的学生也表示赞同。

老师最后说道："他其实只要开口说自己想买把剪刀就行了。"

这个小故事就是要告诉大家，一个人要是被思维定式所困，就会走入思维的死角，从而陷入死胡同里，怎么转也转不出来。很多时候，当我们站在一个角度看问题的时候，我们往往就会陷入一个思维怪圈。如果我们跳出这个固定思维，也许我们就会眼界大开。

5. 讨好每个人是愚蠢的

> 讨好每个人是愚蠢的，也是没有必要的。与其把精力花在一味地去献媚别人、无时无刻地去顺从别人，还不如把主要精力放在踏踏实实做人、兢兢业业做事上。

有个人一心一意想升官发财，可是从年轻熬到斑斑白发，却还只是个小公务员。这个人为此极不快乐，每次想起来就掉泪，有一天竟然号啕大哭起来。

一位新同事刚来办公室工作，觉得很奇怪，便问他到底为什么难过。他说："我怎么能不难过？年轻的时候，我的上司爱好文学，我便学着作诗、学写文章，想不到刚觉得有点小成绩了，却又换了一位爱好科学的上司。我赶紧又改学数学、研究物理，不料上司嫌我学历太浅，不够老成，还是不重用我。后来换了现在这位上司，我自认文武兼备，人也老成了，谁知上司又喜欢青年才俊，我……我眼看年龄渐高，就要退休了，一事无成，怎么能不难过？"

可见，没有自我的生活是苦不堪言的，没有自我的人生是索然无味的，丧失自我是悲哀的。要想拥有美好的生活，自己必须自强自立，拥有良好的生存能力。没有生存能力又缺乏自信的人，肯定没有自我。一个人若失去自我，就没有做人的尊严，就不能获得别人的尊重，就可能处处受人摆布，这样的日子别说自在，连自由都可能没了。

活着应该是为了充实自己，而不是为了迎合别人。没有自我的人，总是考虑别人的看法，这是在为别人而活着，所以活得很累。有些人觉得：老实巴交会吃亏，被人轻视；表现出众又引来责怪，遭受压制；甘愿瞎混，实在活得没劲；有所追求吧，每走一步都要加倍小心。家庭之间、同事之间、上下级之间、新老之间、男女之间……天晓得怎么会生出那么多是是非非。你和新来的男同事有所接近，有人就会怀疑你居心不良；你到某领导办公室去了一趟，就会引起这样或那样的议论；你说话直言不讳，人家必然感觉你骄傲自满、目中无人；如果你工作第一，不管其他，人家就会说你不是死心眼太傻，就是有权欲野心……凡此种种蜚短流长的议论和窃窃私语，可以说是无处不生、无孔不入。如果你的听觉、视觉尚未失灵，再有意无意地卷入某种旋涡，那你的大脑很快就会塞满乱七八糟的东西，弄得你头昏眼花、心乱如麻，到那时，就不是一个"累"字所能形容的了。

从前，有一个士兵当上了军官，心里甚是欢喜。每当行军时，他总喜欢走在队伍的后面。

一次在行军过程中，他的敌人取笑他说："你们看，他哪儿像一个军官，倒像一个放牧的。"

军官听后，便走在了队伍的中间，他的敌人又讥讽他说："你们看，他哪儿像个军官，简直是一个十足的胆小鬼，躲到队伍中间去了。"

军官听后，又走到了队伍的最前面，他的敌人又挖苦他说："你们瞧，他带兵打仗还没打过一个胜仗，就高傲地走在队伍的最前边，真不害臊！"军官听后，心想：如果什么事都得听别人的话，自己连走路都不会了。从那以后，他想怎么走就怎么走了。

人要是没了自己的主见，经不起别人的议论，那么就会一事无成，最后都不知该怎么办。我们若想活得不累，活得痛快潇洒，只有一个切实可行的办法，就是改变自己，主宰自己，不再相信"人言可畏"。

我们每个人绝无可能孤立地生活在这个世界上，几乎所有的知识和信息都要来自别人的教育和环境的影响，但你怎样接受、理解和加工、组合，是属于你个人的事情，这一切都要独立自主地去看待、去选择。谁是最高仲裁者？不是别人，而是你自己！歌德说："每个人都应该坚持走为自己开辟的道路，不被流言所吓倒，不受他人的观点所牵制。"让人人都对自己满意，这是个不切实际、应当放弃的期望。要知道，为别人活，只能得到苦累，为自己活，才能过得丰盈。

我们周围的世界是错综复杂的，我们所面对的人和事总是多方面、多角度、多层次的。我们每个人都生活在自己所感知的经验现实中，别人对你的反映大多有其一定的原因和道理，但不可能完全反映出你的本来面目和完整形象。别人对你的反映或许是多棱镜，甚至有可能是让你扭曲变形的哈哈镜，你怎么能期望让人人都满意呢？

如果你期望人人都对你看着顺眼、感到满意，你必然会要求自己面面俱到。就算你认真努力，去尽量适应他人，就能做得完美无缺，让人人都满意吗？显然不可能！这种不切合实际的期望，只会让你背上一个沉重的包袱，顾虑重重，活得太累。

一位画家想画出一幅人人见了都喜欢的画，画毕，他拿到市场去展出。画旁放一支笔，并附上说明：每一位观赏者，如果认为此画有欠佳之笔，均可在画中涂上记号。晚上，画家取回画，发现整个画面都涂满了记号——没有一笔不被指责。画家十分不快，对这次尝试深感失望，他决定换一种方法去试试。画家又摹了一张同样的画拿到市场上展出。可这次，他要求观赏者将其最为欣赏的妙笔标上记号。当画家再取回画时，画面又被涂遍了记号，一切曾被指责的笔画，如今却都换上了赞美的标记。

我们无法改变别人的看法，能改变的仅是我们自己。每个人都有每个人的想法，每个人都有每个人的看法，不可能强求统一。讨好每个人是愚蠢的，也是没有必要的。与其把精力花在一味地去献媚别人、无时无刻地去顺从别人，还不如把主要精力放在踏踏实实做人上、兢兢业业做事上。改变别人的看法总是艰难的，改变自己总是容易的。

有时自己改变了，也能恰当地改变别人的看法。光在乎别人随意的评价，自己不努力自强，人生就会苦海无边。别人公正的看法，应当作为我们的参考，以利修身养性；别人不公正的看法，不要把它放在心上，以免影响今后生活的心情。

第十一章

青春时

拼的不是实力而是心态

人生可以经历痛苦，但不可以永远沉浸在痛苦之中。没有人可以帮助我们获得快乐，自己才是快乐的源头。其实，很多时候人生的痛苦都是自找的，都是因为没有学会如何看待。生活是什么味道，关键在自己怎么调。换个角度看世界吧，这样你便可以更坦然、更欢喜、更有力量。

1. 是哭是笑，取决于你怎样面对它

生活是一面镜子，我们对它笑，它就对我们笑；我们
冲它哭，它就冲我们哭。是哭是笑，取决于我们怎么样面
对它。

有些人始终对自己的生活不满意，总认为自己运气太差。那么，这些
人不妨读读这篇文章：

生活是极不愉快的玩笑，不过要使它美好却也不是很难。为了做到这
点，光是中头彩赢了几十万元、得了"白鹰"勋章、娶个漂亮女人、以好
人出名，还是不够的——这些福分都是无常的，而且也很容易习惯。为了
不断地感到幸福，甚至在苦恼和愁闷的时候也感到幸福，那就需要：善于
满足现状，很高兴地感到"事情原来可能更糟呢"。这是不难的。

要是火柴在你的衣袋里燃起来了，那你应当高兴，而且感谢上苍：
多亏你的衣袋不是火药库。要是有穷亲戚上别墅来找你，那你不要脸色苍
白，而要喜气洋洋地叫道："挺好，幸亏来的不是警察！"

如果你的妻子或者小姨练钢琴，那你不要发脾气，而要感谢这份福
气：你是在听音乐，而不是听狼嗥或者猫的音乐会。

你该高兴，因为你不是拉长途车的马，不是寇克的"小点"，不是旋毛虫，不是猪，不是驴，不是茨冈人牵的熊，不是臭虫……

如果你不是住在边远的地方，那你一想起命运总算没有把你送到边远的地方去，你岂不觉着幸福？

要是你有一颗牙痛起来，那你就该高兴：幸亏不是满口的牙痛起来。

你该高兴，因为你居然可以不必读《公民报》，不必坐在垃圾车上，不必一下子跟三个人结婚。

要是你被送到警察局去了，那就该乐得跳起来，因为多亏没有把你送到地狱的大火里去。

要是你挨了一顿桦木棍子的打，那就该蹦蹦跳跳，叫道："我多么有运气，人家总算没有拿带刺的棒子打我！"

要是你的妻子对你变了心，那就该高兴，多亏她背叛的是你，不是国家。

以此类推……朋友，照着我的劝告去做吧，你的生活就会欢乐无穷了。

这篇文章是契诃夫写的，原本是契诃夫对企图自杀者的进言。

一般人看了以后都会忍俊不禁，幽默诙谐当中的确蕴含了丰富的哲理，寄寓了作家对真诚生活的向往。

将这篇文章延展开来，我们可以想：

如果虚度了今天，那么就暗自庆幸，还有明天可以重新开始。

如果错过了太阳，不要流泪，不然就要错过群星了。

如果刮风下雨的时候，我们正在街上，把雨伞打开就够了，犯不着去说："该死的天，又下雨了！"这样说对于雨滴，对于云和风都不起作用。我们不如说：多好的一场雨啊！这句话对雨滴同样不起作用，但是它对我们自己有好处，同时也可以把快乐传递给别人。

深圳的一次"城市精英"培训班上，有一个公司的总经理在公众面前谈他的成功经验时说："我其实没有什么成功经验。到今天为止，四十多年来，我每天做的都是很平常的事情。每天我都按计划做我自己的事情，一件事情做完了，接着再做下一件事情。走到今天，应该说我对自己还是满意的，因为，我计划中的目标都实现了。我在深圳有自己的房子、车子、公司，最近又将父母接到了身边，我感到生活让我平实地走了过来，我对生活也充满着挚爱，我在生活中学会了平常的付出，而生活却给了我超常的回报。"

这也是一种成功。

生活是一面镜子，我们对它笑，它就对我们笑；我们冲它哭，它就冲我们哭。是哭是笑，取决于我们怎么样面对它。每天对自己笑一笑，笑出一份好心情，笑出一份自信。每天对自己笑一笑，就是自我调整情绪，给自己一份轻松，让自己有一种良好的心态。

2. 生活是什么味道，关键在自己怎么调

> 我们的生活是笑声不断，还是愁容满面；是披荆斩棘、勇往直前，还是畏手畏脚、停滞不前。这不在他人，都在我们自己。

我们生活中的每一天都将会是一个非常积极的经历，这一天因为用于对成功的意义进行反思而成为倒计时进程的一个里程碑。今天，当我们对自己的变化感到高兴时，不妨拿出一点时间来为自己已经取得的成功庆祝一下。正如人们所说的那样：成功的意义不在于它的目标，而在于它的过程。在这个过程中，每一个前进的脚步都带有一份快乐。我们可以恶待每一天，但我们得不到什么；我们还可以善待每一天，并且我们可以得到许多。

说这一天是有意义的一天，并不表明我们是整天耽于乐观臆想的人，恰恰相反，我们是非常实际的人。这样说是因为，我们必须确定该如何看待自己的世界，因为我们明白即使是最惨痛的失败和最沉痛的经历，里面也蕴涵着有价值的教训，每一个失败都使我们更接近成功。如果我们能够学会对自己生活中发生的每一件事情，无论是好的还是坏的，都得出正确

的评价，我们就能够让自己每一天的生活愈加充实完美。这种生活态度激励我们不断地走向更大的成功。成功不是一件不得不久久等待的事情，不是一件只存在于遥不可及的未来中的事情，成功存在于每一天前进途中的每一个能给我们带来欣喜的小小收获之中。现在就采取这样的生活态势，明白自己已经在许多方面获得了这样那样的成功。这会让我们感觉到无论自己选择什么样的成功之路都是有意义的，从而更有信心地接近自己的成功目标。

曾有一位美国作家写过许多励志书籍，其中有一本是《只有渴望是不够的》，书中对生命的意义进行了阐述。书的作者不无尖锐地指出：我们都在努力走向成功，并竭力向周围的每一个人表明我们的努力。非常不幸的是，这种努力有的时候占据了我们的整个生活。我们从来没有时间去和我们周围的人们做有意义的接触，而是错误地认为我们以后会有时间再去弥补。我们总是忽视我们所爱的人，忽略每一天平常生活中的不平常趣味，总是到了一切都已经变得太迟了时才惶恐地珍惜与懊悔。记住，在我们弥留之际躺在病榻上时，谁也不会去说："我希望把更多的时间用在生意上。"

人生如同一艘在大海中航行的帆船，掌握帆船航向与命运的舵手便是自己。有的帆船能够乘风破浪，逆水而行，而有的却经不住风浪的考验，过早地离开大海，或是被大海无情地吞噬。之所以会有如此大的差别，不在别的，而是因为舵手对待生活的态度不同。前者被乐观主宰，即使在浪尖上也不忘微笑；后者是悲观的信徒，即使起一点风也会让他们胆战心惊，让他们祈祷好几天。一个人面对生活是闲庭信步，抑或是消极被动地忍受人生的凄风苦雨，都取决于他对待生活的态度。

一个人快乐与否，不在于他处于何种境地，而在于他是否持有一颗乐观的心。对于同一轮明月，在泪眼蒙眬的柳永那里就是："杨柳岸，晓风残月。此去经年，应是良辰好景虚设。"而到了潇洒飘逸、意气风发的苏轼那里，便又成为："但愿人长久，千里共婵娟。"同是一轮明月，在持不同心态的人眼里，便是不同的，人生也是如此。

二胡有两根弦，小提琴有四根弦，我国古代有七弦琴，国外乐器竖琴有十几根弦的，通行的有48根弦。这些弦相互配合才能使乐器发出和谐悦耳的音乐，一般来说，弦越多音乐效果越丰富。

但如果只有一根弦呢？

某著名音乐家在一场音乐会上演奏一首名曲，至半途，小提琴的弦忽然断了一根。这位音乐家没有中止他的演奏，而是用剩下的三根弦继续演奏。忽而又断了一根，这位音乐家一时性起，干脆自己扯断了第三根弦，只用唯一的一根弦演奏完了这首曲子，却博得了热烈掌声。

某剧团鼓手和琴师不和，某次重要演出前鼓手在琴上动了手脚，当剧情发展到高潮，琴师正以他炉火纯青的技艺演奏时，一根弦断了。琴师用唯一的一根弦继续演奏，并给观众以一种全新的具有震撼力的感受。琴师从此声名大噪，鼓手从相反的方向成就了一个名琴师。

上天不会给我们快乐，也不会给我们痛苦，它只会给我们生活的佐料。调出什么味道的人生，那只能在我们自己。我们可以选择从一个快乐的角度去看待它，也可以选择从一个痛苦的角度去看待它。就像做饭一样，我们可以做成苦的，也可以做成甜的，就看你怎么选。

3. 换个角度就换了心情

> 有时绝望孕育着希望，失去意味着新收获的来临！
> 当你面对生活中的不如意时，不要放弃，不要以为迎接自
> 己的就是失去，要拿出自己的平常心，也许换个角度，就
> 跨越了得与失的界限。

小李从小生活在一个环境很好的家庭里，备受父母宠爱。后来考上了大学，读了一个自己喜欢的专业。毕业后也没费什么周折，进了一家大型企业。那年，他才20岁，尚是一个毛头小伙子。

他满怀希望和信心地走上了工作岗位。然而，接下来的一切却让他始料未及：单位的人际关系非常复杂，而他却是那么单纯，甚至有些天真，他说话做事都率性而为，不懂得收敛。渐渐地，他听到了一些议论，说他年轻气盛，做事毛糙等等。从小就养尊处优惯了的他，那一段日子很是沮丧。

他回家把在单位遇到的种种不愉快说给父亲听。他的父亲给他讲了一个故事：有一个人在一次车祸中不幸失去了双腿，那个人的亲戚和朋友都来慰问，表示了极大的同情。而他却回答道："这事的确很糟糕。但是，

我却保下了性命，并且我可以通过这件事认识到，原来活着是一件多么美好的事情——而以前我却从未这样清醒地认识过。现在，你们看，我不是一样顺畅地呼吸，一样赞赏天边的云朵和路边的野花？我失去的只是双腿，但却得到了比以前更加珍贵的生命。"

"这个遭遇车祸的人是个智者，他知道失去了双腿是已经发生的事实，哪怕再痛苦也改变不了。所以，他换了一个角度，同样一件事情，他能够找到积极的那一面。而你，"他的父亲顿了顿，接着说，"和同事之间相处得不愉快，作为一个刚刚走上社会的新人来说也是正常的。单位毕竟不是家庭，会有各种各样的矛盾。你应该换个角度，把这种不愉快看成是对自己的砥砺，通过这种磨炼可以使自己尽快成熟起来。从这个角度看，你现在所面临的境况，恰恰是你成长过程中的一笔财富。"

父亲的一番话让他豁然开朗。回到单位之后，每当再遇到不顺心的事情，他就想：换个角度，这是一件好事情，它至少说明我有不足甚至不对的地方，我得改正自己。如果确实不是他自己的问题，他也不再像以前那样气恼，而是想：换个角度，说明别人对我的要求比较高，我得加把劲儿。同样的一件事情，过去给他带来的是烦恼、苦闷，而现在带给他的，则是积极向上的动力。

世上万物，生命最为宝贵，人生的乐趣在于奋斗和创造中，在于不断克服困难前进的过程，它使人产生成就感和荣誉感，使人充分享受身为万物之灵的人类不断战胜神秘而广大无际的宇宙的能力的自豪，不断超越自我、挑战自我的进取心。金钱、地位、荣耀和物质虽然能满足一时的心理和口腹的享受，却填补不了心灵的空虚和思想的苍白。

两千多年前的老子，清醒地认识到人类贪婪自私的弱点，告诫世人要千万注意，不要因争名逐利而丧生，要克制自己的欲望，"见素抱朴，少私寡欲"。顺应自然，知足知止，要知道"甚爱必大费，多藏必厚亡"的道理。物极必反，过分的爱惜会导致极大的耗费，过多的敛取必定导致重大的损失，盛极而衰，是历史所证明了的。所以，在名与利、得与失上，要时时刻刻保持清醒的头脑和明智的选择，只有这样，才可以"知足不辱，知止不殆"，你的生命、名声、利益才可以长久。

吃了亏的人说：吃亏是福。

丢了东西的人说：破财免灾。

逃过一劫的人说：大难不死，必有后福。

受人欺负的人说：不是不报，时候未到。

卸任的官员说：无官一身轻。

生不逢时的人常常用阿Q的话说：先前比你阔多了。

没钱人的太太说：男人有钱就变坏。

惧内的丈夫说：有人管着好呀，啥事都不用操心。

夫不下厨，妻跟人说：整天围着锅台转的男人没出息。

住在顶楼的人说：顶楼好啊，上下楼锻炼身体，空气新鲜，还不受人骚扰。

住在一楼的人说：一楼好啊，出入方便，省得爬楼梯，怪累的。

被老板炒了鱿鱼，他对人说：我把老板炒了。

倘若你的心境因凡尘变得支离破碎，请别消极，请尝试站在新的角度，以一颗积极健全的心去对待生活中的点点滴滴。也只有这样，我们才能轻松、愉悦地走过人生的风风雨雨！

4. 幸福的形式是多样的，攀比毫无意义

每一个人在这个世界上都具有独一无二的价值，就像人的手指，有大有小，有长有短，它们各有各的用处，各有各的美丽，我们能说大拇指就比小拇指重要吗？

某机关有一位小公务员，过着安分守己的平静生活。有一天，他接到一位高中同学的聚会电话。十多年未见，小公务员带着久别重逢的喜悦前往赴会。昔日的老同学经商有道，住着豪宅，开着名车，一副成功者的派头，让这位公务员羡慕不已。自从那次聚会之后，这位公务员重返机关上班，好像变了一个人似的，整天唉声叹气，逢人便诉说心中的烦恼。

"这小子，考试老不及格，凭什么有那么多钱？"他说。

"我们的薪水虽然无法和富豪相比，但不也够花了嘛！"他的同事安慰说。

"够花？我的薪水攒一辈子也买不起一辆奔驰车。"公务员懊恼地跳了起来。

"我们是坐办公室的，有钱也犯不着买车。"他的同事看得很开。但这位小公务员却终日郁郁寡欢，后来得了重病，卧床不起。

有一项调查表明，95％的都市人都有或多或少的自卑感，在人的一生中，几乎所有的人都会有怀疑自己的时候，感到自己的境况不如别人。

这是为什么呢？潜藏在人心中的好胜心理、攀比心理是这一问题的根源。我们总把他人当作超越的对象，总希望过得别人好，总拿别人当参照物。似乎没有别人便感觉不到自身存在的价值。于是，工作上要和同事比：比工资、比资格、比权力；生活上要和邻居比：比住房、比穿着、比老婆，就连孩子也不放过，成了比的牺牲品。既然是比，自然要比出个高下，比别人强者，趾高气扬；不如别人者便想着法子超过别人，实在超不过便拉别人后腿，连后腿也拉不住者便要承受自卑心理的煎熬。

如果我们能持一种积极的态度去和别人比较，不如别人时便积极进取，争取更上一层楼；比别人强时便谦虚谨慎，乐观待人，岂不更好？

在一家公司当干事的老王，就是因为自己被少评一级职称，少涨两级工资，便耿耿于怀，终日喋喋不休，有时甚至破口大骂，已发展到精神失常状态。朋友劝其想开些，他根本听不进去，不久便得绝症去世了。细想起来，实在不值得。如果早早自我调节，看到人家事业有成时，如果自己从中看到了努力的方向，脚踏实地，好好工作，也许下一次涨工资的就是自己了。总之，如果能及时调整心态，结局就不会如此了。

所以人比人是不是能气死人，就看我们怎么比，看我们能否调整自己的心态。

事实上，天外有天，人外有人，我们不可能在任何方面都比别人强，胜过别人。太要强的人，一味和比自己强的人比，结果由于心灵的弦绷得太紧了，损耗精神，很难有大的作为。

雨果在《悲惨世界》中说："全人类的充沛精力要是都集中在一个人的头颅里。这种状况，如果要延续下去，就会是文明的末日。"俗话说，闻道有先后，术业有专攻。每一个人都有自己的特长，也都有自己的短处。一个人只要在自己从事的专业领域中有所成就便不虚此生。千万不要因看到别人的一点长处就失去心理平衡。每一个人把自己该做的做好是最重要的，最好不要与别人比高低。每一个人在这个世界上都具有独一无二的价值，就像人的手指，有大有小，有长有短，它们各有各的用处，各有各的美丽，我们能说大拇指就比小拇指重要吗？

一味和别人比是件不聪明的事，因为即便胜过别人，又会有"枪打出头鸟"，"出头的橼子先烂"的危险。古人云："步步占先者，必有人以挤之；事事争胜者，必有人以挫之。"生活中也确实是这样，如果一个人太冒尖，在各方面都胜过别人，就容易遭到他人的嫉妒和攻击；而与世无争者反而不会树敌，容易遭人同情，所以说"人胜我无害，我胜人非福"。

其实，最好的处世哲学还是不与人比，做好自己的事，每个人都有自己的生活方式，有自己存在的价值和理由，干吗要和别人比呢？如果心里难受，实在要比的话，倒不如把自己当作竞争对手，和自己的昨天比，这样既不会沾惹是非恩怨，自己还能更上一层楼，岂非自求多福？当然，比也并非是百害而无一利，它在形成竞争、推进社会前进中有不可磨灭的作用。现代社会是一个竞争的社会，如果大家都不争先，都去争"后"，那么社会如何发展进步呢？

不要过分地和别人攀比，他们有他们的生活，我们有我们的目标，幸福的形式是多样的，鞋子合不合脚，只有穿鞋的人知道，别人都是毫不知情的旁观者而已。同样的道理，别人的痛苦我们感受不到，我们看到的别人所谓的幸福极可能只是一种假象：一个住别墅的商人可能欠债百万，一个开奔驰跑车的企业家可能已经濒临破产，一对手挽手走进饭店的夫妻可能刚刚协议离婚……所以不要把自己的幸福定位在别人身上，实实在在地过自己的日子吧！

5. 既然无法逃避压力，那就学会与压力共舞

> 人作为社会成员之一，不可避免地会遇到各种挫折和打击，会产生诸如愤怒、悲伤、恐惧等各种消极情绪。遇到这种情况，应采取一定的方式宣泄这些不良情绪，如通过倾诉、抗争、转移注意力等方式，尽量减少采用否认、退缩等方式解决矛盾。

现代社会是一个充满压力的社会。每个人都在压力中生存，差别仅是压力的大小和抗压的大小不同而已。可以说压力与我们相伴一生，如果不能和压力好好相处，压力就会成为我们人生成功的绊脚石，而让我们疲惫或失望，甚至会失去生活的兴趣。

近年来，因为来自方方面面的压力而引起的各种不良反应，诸如焦虑、忧虑、愤怒、过劳等精神疾病正在困扰着越来越多的人，已成为社会关注的焦点。根据世界卫生组织(WHO)统计，北美地区因压力所付出的代价每年损失超过2000亿美元，其中在美国因为压力所造成企业的损失就超过300亿美元，在英国由于压力所耗损的产值竟然占国民生产总额(GNP)的3.5%。

研究压力对人类身心影响最有名的加拿大医学教授赛勒博士曾说："压力是人生的香料。"他提醒我们，不要认为压力只有不良影响，而应转换认知和情绪，多去开发压力的有利影响。

人在其一生中，本来就无法摆脱压力。既然无法逃避压力，就要学习与压力共处，若无法和平相存，无法克服压力来获得回馈，则可能导致各种身体与精神疾病，天天受到压力的折磨，这样不仅会对自身及家庭生活造成伤害，同时也会导致企业生产力和竞争力下降，甚至还会造成不可弥补的损失。

首先，应该学会缓解压力。最有效的方法就是在你面前摆一把椅子，想象给你带来压力的一方就坐在椅子里。然后对着"他"说出你长期以来的想法和感受。在对方不在场的情况下讲出你的愤怒，这样可以释放被压抑的能量，使你思维变得清楚，排解心中的毒素。

其次，还应该学会控制自身对压力的反应，增加心理的承受能力，减少外界压力带来的伤害。如果因某种自身不可改变的事物给自己造成压力，尝试适应是减轻伤害的最好途径。

再次，应根据自身的条件和现实的环境，制定切实可行的人生目标。一个好的目标会使人奋发努力，积极进取，并体验到成功的喜悦。反之，如果目标脱离现实，完全没有实现的可能，肯定会遭遇到重重困难，并使人产生挫败感。要善于消除不良情绪。人作为社会成员之一，不可避免地会遇到各种挫折和打击，会产生诸如愤怒、悲伤、恐惧等各种消极情绪。遇到这种情况，应采取一定的方式宣泄这些不良情绪，如通过倾诉、抗争、转移注意力等方式，尽量减少采用否认、退缩等方式解决矛盾。

最后，如果某种压力已经给自己造成心理伤害，自己又无法排解，这时一定记着去寻求心理帮助，千万不可让它郁积于心，否则后果不堪设想。

社会生活节奏的加快、日趋激烈的竞争和永无止境的欲望，使人们承受着越来越重的压力，既然压力不可避免，那么就让我们与压力共舞吧！

6. 沉湎过去和忧虑未来都徒劳无益

内心有忧虑烦恼，应该尽量坦白讲出来，这不但可以给自己从心理上找出一条出路，而且有助于恢复头脑的理智，把不必要的忧虑除去，同时找出消除忧虑、抵抗恐惧的方法。

与内疚悔恨一样，过分忧虑是我们生活中常见的一种最消极而毫无益处的缺点，它们都是精神抑郁的最常见形式，是一种极大的精力浪费。当你悔恨时，你会沉湎于过去，由于自己的某种言行而沮丧或不快，在回忆往事中消磨掉自己现在的时光。当你产生忧虑时，你会利用宝贵的时光无休止地考虑将来的事情。对我们每个人来讲，无论是沉湎过去，还是忧虑未来，其结果都是相同的：徒劳无益。

有这样一则故事：

一个商人的妻子不停地劝慰着她那在床上翻来覆去、折腾了足有几百次的丈夫："睡吧，别再胡思乱想了。"

"嗨，老婆子啊，"丈夫说，"你是没遇上我现在的罪啊！几个月前，我借了一笔钱，明天就到了还钱的日子了。可你知道，咱家哪儿有钱啊！你也知道，借给我钱的那些邻居们比蝎子还毒，我要是还不上钱，他们能饶得了我吗？为了这个，我能睡得着吗？"他接着又在床上继续翻来覆去。

妻子试图劝他，让他宽心："睡吧，等到明天，总会有办法的，我们说不定能弄到钱还债的。"

"不行了，一点儿办法都没有啦！"丈夫喊叫着。

最后，妻子忍不住了，她爬上房顶，对着邻居家高声喊道："你们知道，我丈夫欠你们的债明天就要到期了。现在我告诉你们：我丈夫明天没有钱还债！"她跑回卧室，对丈夫说："这回睡不着觉的不是你而是他们了。"

有太多的人，当凌晨三四点的时候还忧虑在心头，全世界的重担似乎都压在他们的肩膀上：到哪里去找一间合适的房子？找一份好点儿的工作？怎样可以使那个啰嗦的主管对自己有好印象？儿子的健康、女儿的行为、明天的伙食、孩子们的学费……他们为一些未知的事情惶恐、忧虑，然后让这些忧虑不断地耗费着自己的精力。这样的人生是可怜又悲惨的。

忧虑是一种流行的社会通病，几乎每个人都花费大量的时间为未来担忧。《读者文摘》上曾刊登过这样一篇有关忧虑的文章，作者在文中对忧虑心理这一缺陷进行了绝妙的讽刺：

"如此众多的令人忧虑的事情！有旧的，也有新的；有重大的，也有微小的，而富有想象力的忧虑者总有办法将路上的行人同远古时代联系起来。假如太阳燃尽了，一年四季可能完全成为黑夜吗？如果低温冷冻中的人再苏醒过来，他们还能活多久？如果一个人没有了小脚的趾头，他能否在足球比赛中进球呢？"

忧虑既然如此消极而无益，既然你是在为毫无积极效果的行为浪费自己宝贵的时光，那么你就必须改变这一缺点。为什么不能让自己快乐一点呢？有人说，我也想啊，可是没人能够帮助我，这些问题它还是存在呀！那么，谁能帮助你呢？

黄昏时刻，有一个人在森林中迷了路。天色渐渐地暗了，眼看黑幕即将笼罩，黑暗的恐惧和危险一步步逼近。这个人心里明白：只要一步走差，就有掉入深坑或陷入泥沼的可能。还有潜伏在树丛后面饥饿的野兽正虎视眈眈地注意着他的动静，一场狂风暴雨式的恐怖正威胁着他，侵袭着他。万籁无声，对他来说是一片死前的寂静和孤单。

这时，凄黯的夜空中，几颗微弱的星光一闪一烁，似乎带来了一线光明，却又不时地消失在黑暗里，留给人迷茫。但是对汪洋中的溺水者来说，一根空心的稻草都是珍贵的，都会被认为是救命的宝筏，虽然一根稻草是那么的无济于事。

突然间，眼前出现一位流浪汉踽踽途中，他不禁欢喜雀跃，上前探询出去的路途。这位陌生的流浪汉很友善地答应帮助他。走呀走，他发现这位陌生人和他一样迷茫。于是他失望地离开了这位迷茫的陌生伙伴，再一次回到自己的路线上来。不久，他又碰上了第二个陌生的人，那人肯定地说他拥有走出森林的精确地图，他再次跟随这个新的向导，终于发现这位新向导也是一个自欺欺人的人，他的地图只不过是他自我欺骗情绪的结果而已。于是他陷入深深的绝望之中，他曾经竭力问他们有关走出森林的知识，但他们的眼神后面隐藏着忧虑和不安，他知道：他们和他一样的迷茫。他漫无目的地走着，一路的惊慌和失误使他由彷徨、失落到恐惧。无意间，当他把手插入口袋时，找到了一张正确的地图。

他若有所悟地笑了：原来它始终就在这里，只要在自己身上寻找就行了。从前他太忙，忙着询问别人，反而忽略了最重要的事——回到自己身上找。

如同那个迷路的人，你天生具有一份内在的地图，指引你离开忧虑和沮丧的黑森林。这个故事告诉人们，情绪性的恐惧是多余的。

解除恐惧的办法是始终存在的，但是我们一定得靠自己的能力去解除自己的恐惧，不能随便听信他人，不要因他自称知道解决的办法而放弃自我追寻，甚至委屈了自己。只要我们不断地努力追寻，甚至于"绝望"本身也能够帮助我们。如保罗·泰利斯博士指出："在每个令人怀疑的深坑里，虽然感到绝望，但我们对真理追求的热情依旧不停地存在。不要放弃自己而去依赖别人，纵使别人能解除你对真理的焦虑。不要因诱惑而导入一个不属于你自己的真理。"

所以，尽管生活中难免会遇到不如意的事，但只要你善于把握自己，是可以战胜困难的。

不要把忧虑和恐惧隐藏在心中。许多人有忧虑与不安时，总是深藏在心间，不肯坦白说出来。其实，这是很愚蠢的做法。内心有忧虑烦恼，应该尽量坦白讲出来，这不但可以给自己从心理上找出一条出路，而且有助于恢复头脑的理智，把不必要的忧虑除去，同时找出消除忧虑、抵抗恐惧的方法。

不要怕困难。人遇到困难，往往是成功的先兆，只有不怕困难的人，才可以战胜忧虑和恐惧。

请记住一点，世上没有任何事情是值得忧虑的，绝对没有！你可以让自己的一生在对未来的忧虑中度过，然而无论你多么忧虑，甚至抑郁而死，你也无法改变自己的现实。

7. 80%的烦恼都是由自己造成的

处于时刻竞争中的现代人最可怕的瘟疫不是天花、麻风、癌症，而是精神的迷失。因为我们往往在竞争、追求和欲求中找不到生活的本来目的，找不到自我。

现代的我们几乎都被过多的欲求和过分的执着所感染，找不到自己心灵的方向，让自己成为现代精神迷失人群中的一员。而这种迷失最可怕的后果不是让你去杀人，而是自杀。我们的追求到底是什么？幸福又在哪里？心理学家曾提出这样一个幸福公式：总幸福指数=先天遗传素质+后天环境+主动控制心灵的力量，其中主动控制心灵的力量其实就是找回真正的自己。

在北极圈里，北极熊是没有什么天敌的，但是聪明的爱斯基摩人却可以轻易地逮到它们。爱斯基摩人是怎么办到的？就是靠上帝给予的智慧吧！

他们杀死一只海豹，把它的血倒进一个水桶里，用一把双刃的匕首插在血液中央，因为气温太低，海豹血液很快凝固，匕首就结在血中间，像一个超大型的棒冰。做完这些之后，把棒冰倒出来，丢在雪原上就可以了。

第十一章 青春时，拼的不是实力而是心态

北极熊有一个特性：嗜血如命。这就足以害死它了。它的鼻子特别灵，可以在好几千米之外就嗅到血腥味。当它闻到爱斯基摩人丢在雪地上的血棒冰的气味时，就会迅速赶到，并开始舔起美味的血棒冰。舔着舔着，它的舌头渐渐麻木，但是无论如何，它也不愿意放弃这样的美食。忽然，血的味道变得更好——那是更新鲜的血，温热的血。于是它越舔越起劲——原来，那正是它自己的鲜血——当它舔到棒冰的中央部分，匕首扎破了它的舌头，血冒出来。这时，它的舌头早已麻木，没有了感觉，而鼻子却很敏感，知道新鲜的血来了。这样不断舔食的结果是：舌头伤得更深，血流得更多，通通吞进自己的喉咙里。最后，北极熊因为失血过多，休克昏厥过去，爱斯基摩人就走过去，几乎不必花力气，就可以轻松捕获它。

在我们的生命中，在追求幸福的过程里，我们也很可能如北极熊一样，无法正确认识到问题之所在。

周华健有一首名为《最近比较烦》的歌，深得人们喜爱，因为这首歌表现了现代人的真实感受，唱出了多数人的心声。随着经济的发展，生活水平不断提高，我们却不是快乐与日俱增，而是凭空增加了许多烦恼，笑声越来越少。生活中，为了满足各种欲望，我们整日劳苦奔波，身不得闲，而心灵欲念膨胀，被杂念纠缠，故亦不得闲，烦恼便由此而生。所以说，烦恼皆由心生。

一位棋艺高超的老人吃完晚饭到小区公园散步，看到公园里有人下象棋，就过去给别人支招儿。但下棋的人却不听老人的话，老人非常生气，心想告诉你怎么走，给你支招儿你还不理我？于是老人气愤地接着看下去，眼看这人要输了，老人这个急啊，但一支招儿，那人还不听老人的。于是老人越来越气，周围的人却突然发现老人脸上开始痉挛，身子一栽倒在地上了。

于是，大家七手八脚地把老人送到医院。一检查，那位老人已经没气了。输棋的人没事，但把看棋的人气死了。这事儿是不是有点儿荒唐？这是件发生在我们生活中的真事。虽然听起来可笑，但却从一方面说明我们每个人都有自己的欲求和执着。而我们生活中的种种痛苦、烦恼、欲求和执着，绝大多数都像看棋的老人一样是自己找来的。

禅宗第二代传人慧可曾向达摩祖师诉说他内心的不安，希望达摩祖师能帮他把心静下来。达摩祖师让他拿心来，才肯替他安心。慧可找了半天回答说没找到，达摩祖师说："已为你把心安好了。"

真的，心在哪里呢？心都不可得，哪里还有可得的烦恼？心是烦恼的关键。现代人一心追逐名利，心中充满欲望，整天患得患失，自然会有烦恼。一个为追求名利而苦恼的人，是因为他的心不肯停止追求，才会苦恼；一个为失恋而痛苦的人，只是因为他不肯放弃失去的爱，痛苦就成了必然的结果。正如高尔基所说："对一个人来说，最大的痛苦莫过于心灵的沉默。"

一个年轻人四处寻找解脱烦恼的秘诀。他见山脚下绿草丛中一个牧童在那里悠闲地吹着笛子，十分逍遥自在。

年轻人便上前询问："你那么快活，难道没有烦恼吗？"

牧童说："骑在牛背上，笛子一吹，什么烦恼也没有了。"

年轻人试了试，烦恼仍在。

于是他只好继续寻找。

他来到一条小河边，见一老翁正专注地钓鱼，神情怡然，面带喜色，于是便上前问道："您能如此投入地钓鱼，难道心中没有什么烦恼吗？"

老翁笑着说："静下心来钓鱼，什么烦恼都忘记了。"

年轻人试了试，却总是放不下心中的烦恼，静不下心来。

于是他又往前走。他在山洞中遇见一位面带笑容的长者，便又向他讨教解脱烦恼的秘诀。

老年人笑着问道："有谁捆住你没有？"

年轻人答道："没有啊？"

老年人说："既然没人捆住你，又何谈解脱呢？"

年轻人想了想，恍然大悟，原来他是被自己设置的心理牢笼束缚住了。

萧伯纳说："痛苦的秘诀在于有闲工夫担心自己是否幸福。"人生不满百，常怀千岁忧！每天早上当你驾车驶入车阵，三环、四环堵车堵得厉害，看着仍然亮着的红灯，你不停地看着手表，一秒一秒地走着。终于绿灯亮了，但你前面的司机却因为思想不集中而迟迟不启动车子，于是你生气地按了喇叭。前面的司机终于反应过来，马上开动车子，而你尾随其后。就算你准时、安全地到了公司，却在那几秒钟把自己置于紧张不快的情绪中。

棋艺高超的老人对求胜的执着，每天开车对自我的执着，其实都是烦恼的来源。

有位这方面的专家曾说过："你不要让小事牵着鼻子走，要冷静，理解别人。"其实我们80%的烦恼都是由自己过分的欲望和执着造成的。打开报纸，你经常会看到这样的信息：前两天有两人跳轻轨自杀；城市癌症患者平均每年增长1.58%……这个世界到底怎么了？

随着社会转型的加剧及各个阶层贫富差距的扩大，你会发现，这个社会的人们每天都在忙着、求着、追着。孩子夜夜苦读，夫妻俩拼命算计，穷人想钱想疯了，富人的快乐却找不到了。好像社会中绝大多数人都在为自己的欲求努力着，但他们这份过分的执着并没有让自己过得更加幸福，生活得更快乐。

处于时刻竞争中的现代人最可怕的瘟疫不是天花、麻风、癌症，而是精神的迷失。因为我们往往在竞争、追求和欲求中找不到生活的本来目的，找不到自我。

世上本无事，庸人自扰之。其实很多时候，烦恼都是自找的，若可以做到"心无一物"，放下心中的一切杂念，便可以从烦恼的牢笼中解脱。